香港非物質文化遺產系列

中秋節——大坑舞火龍

廖迪生　著
香港科技大學　支持

中華書局

目錄

第一章

導言

每年中秋節前後的三個晚上，香港島的大坑都舉行舞火龍活動，是香港一項家喻戶曉的週年盛事。除了大坑的居民，來自不同地方的香港市民，以及外地遊客，都會跑到大坑欣賞舞火龍。220 呎長的火龍骨架由野生的珍珠草紮作而成。舞龍開始時，健兒將兩萬多枝燃點着的香枝插在火龍骨架上。在漆黑的夜裏，香枝的火點構成了火龍的身體，在三百多名舞龍健兒的頭頂上走動。火龍首先巡遊大坑的街道，然後在浣紗街表演，娛樂觀眾。

據説舞火龍的活動在 1880 年開始，目的是驅除瘟疫，老街坊稱之為「大坑夜龍」。在過去的百多年裏，除了日治時期，以及剛過去的新冠肺炎疫情期間外，舞火龍活動都沒有中斷，並且在 2011 年成為香港首批自行申報成功的「國家級非物質文化遺產代表性項目」(國家級項目)。[1] 大坑本來只是一條人口不多的客家村落，它如何組織創造這個需要眾多參與者的活動呢？在今日寸金尺土、高度都市化、人際關係疏離的環境裏，大坑又如何維繫社群，延續這一個活動呢？

今日大坑是位於香港島銅鑼灣商業區東南方，渣甸山腳小山谷內的一個住宅區，街道兩旁是商店和食肆。但在英國人開始管治香港的時候，它是香港島中部北岸的一條小鄉村。因渣甸山及畢拿山上的溪流自南向北，經山谷流至銅鑼灣海邊，進入維多利亞

1　廖迪生：〈「傳統」與「遺產」：香港「非物質文化遺產」意義的創造〉，廖迪生編：《非物質文化遺產與東亞地方社會》，香港：香港科技大學華南研究中心、香港文化博物館，2011，頁 257－282。

港，水流所經處形成坑道，而得「大坑」地名。[2] 居住在大坑的村民，大都是來自南中國不同地方的客家人。百多年前，客家人在這個小山谷定居時，大坑村還是在海邊。早期的客家居民除了從事打石行業，也得益於大坑背山面海的自然環境，以耕種及捕魚為生，而大坑村的海邊則是漁船停泊的海灣。

1840 年代，當英國人開始管治香港的時候，建立的維多利亞城包括西環至黃泥涌的範圍，但當時港英政府選擇在中上環作為政治經濟活動的中心，這樣，大坑村也便成為香港邊緣地方的一條小鄉村。

從前的大坑村，位處現在的新村街。在二十世紀初，香港政府於大坑村北面填海造地，形成新區。1950 年代，香港政府繼續在銅鑼灣填海，建造維多利亞公園。這讓今日大坑成為遠離海邊的一個聚落。[3] 雖然香港政府不斷在大坑填海造地，卻還是保留了銅鑼灣避風塘，讓船隻停泊。

二次大戰之後，大量中國內地移民進入香港。在缺乏房屋供應的情況下，移民在山邊搭建寮屋居住。在大坑落腳的移民，亦在山邊築成寮屋區，成為大坑社區的一份子。

大坑有酒樓食肆，販賣食物及日用品的市場，也有供奉觀音的蓮

2　余震宇：《港島海岸線》，香港：中華書局，2014，頁 170－171。

3　大坑坊眾福利會：《大坑坊眾福利會四十週年紀念特刊，1947－1986》，香港：大坑坊眾福利會，1986，頁 18－19。

1924 年大坑及相鄰地方的空中攝影圖，圖中圈點位置為大坑。大坑的街道格局已經形成。（香港政府地政總署，相片編號：H19-0011; NCAP / ncap.org.uk）

花宮，為居民提供生活及宗教上的需要。這些基本設施，加上每年中秋節舉行的舞火龍活動，使大坑成為一個能夠凝聚居民的社區。

百多年來，香港都市擴展，大坑亦漸漸成為繁榮城市的一部分。本來的村屋已被高樓大廈所代替。隨着城市的改善計劃，山邊的木屋被清拆，本來的寮屋居民也遷徙到不同地區的政府公共屋邨，離開大坑。但有趣的是，有百多年歷史的大坑舞火龍活動，還是每年延續着；遷走了的居民，還是每年回來舞火龍。

一、黃泥涌、掃桿埔及大坑平地

1840 年代，當港英政府開始管治香港時，香港島主要是一個山岩島嶼，沒有多少平地。在島嶼北岸中部，則有一片由黃泥涌、掃桿埔及大坑等河谷組成的平地。來自金馬倫山及畢拿山的溪水灌溉着這一片平地，形成可以種植稻米的地方。1841 年《香港轅門報》（*The Hong Kong Gazette*）的人口調查報告中，記載的村落便有黃泥涌、掃桿埔及紅香爐：黃泥涌標示為「農耕鄉村」，有人口 300 人；掃桿埔及紅香爐則標示為「村莊」，前者有人口 10 人，後者有人口 50 人。報告並沒有列出大坑（村），相信該村人口可能計算在紅香爐（村）內。[4]

在黃泥涌、掃桿埔及大坑平地的海邊，有一稱為「東角」（East Point）的岬角（參看地圖 1，位於現在東角道），伸入維多利亞港，指向海中的燈籠洲[5]。這一岬角的東西兩側形成兩個海灣：銅鑼灣及黃泥涌北面的海灣。大坑及掃桿埔的溪流注入銅鑼灣。黃泥涌的溪流則經現在跑馬地馬場的位置流入東角西面的海灣。港英政府後來在黃泥涌進行填窪工程，解決低窪地的蚊蟲滋生問題，也同時增加實用的土地，改善溪流之排洪能力。

大坑是一個小河谷，位於渣甸山（Jardine's Lookout）與小馬山之

4 *The Hong-Kong Gazette*, no. 2 (May 15, 1841), census figures reprinted in *Chinese Repository*, Canton [Guangzhou], 10, no. 5 (May 1841), pp. 288-289.

5 英國人管治香港後改稱「奇力島」（Kellett Island，即圖中的 Kellet's Island），1960 年代的填海工程，將該島與香港島陸地連接起來。

間，有來自畢拿山的山水，支持水稻種植。山水沿大坑山溪流入維多利亞港。大坑村前的銅鑼灣也成為漁船停泊的地方。

在港英政府接管香港島之前，黃泥涌與大坑一帶的發展應是以耕種為主。王崇熙所編的《新安縣志》，收錄雍正二年（1724）新安縣知縣所寫之〈創建文岡書院社學社田記〉，記述廖九我捐贈學田予文岡書院的經過。

田主廖九我原將掃桿埔海邊 50 石田地租予佃農彭尚璉，讓彭氏開墾，以十年為期，待荒土變成熟田後，彭氏便要開始繳交租金。後廖氏發覺彭氏破壞保護農田的石壆，讓海水入侵，至田地未能成為熟田，而彭氏亦以此為藉口，拒納田租。廖氏於是將該土地送予知縣段巘生所開辦的文岡書院，作為書院的田產，由官府處理，收益用作支持書院的運作。[6] 這個個案顯示，在英國管治香港之前，掃桿埔已有具備足夠水源的農耕之地，並可以以珠江三角洲一帶圍墾沙田的方式[7]，開拓海邊土地，進行耕作。

當時香港剛被開發為貿易港，黃泥涌、掃桿埔及大坑平地，應是適宜被發展的地方。英資怡和洋行也投入大量資金，購入東角，興建碼頭、倉庫及辦事處，開展它的貿易商業活動。[8]

6　夏歷：《香港東區街道故事》（香港第 1 版），香港：三聯書店，1995，頁 133－138。

7　參考黃永豪：《土地開發與地方社會：晚清珠江三角洲沙田研究》，香港：文化創造出版社，2005，頁 17－24。

8　鍾寶賢：《商城故事：銅鑼灣百年變遷》，香港：中華書局，2009，頁 73。

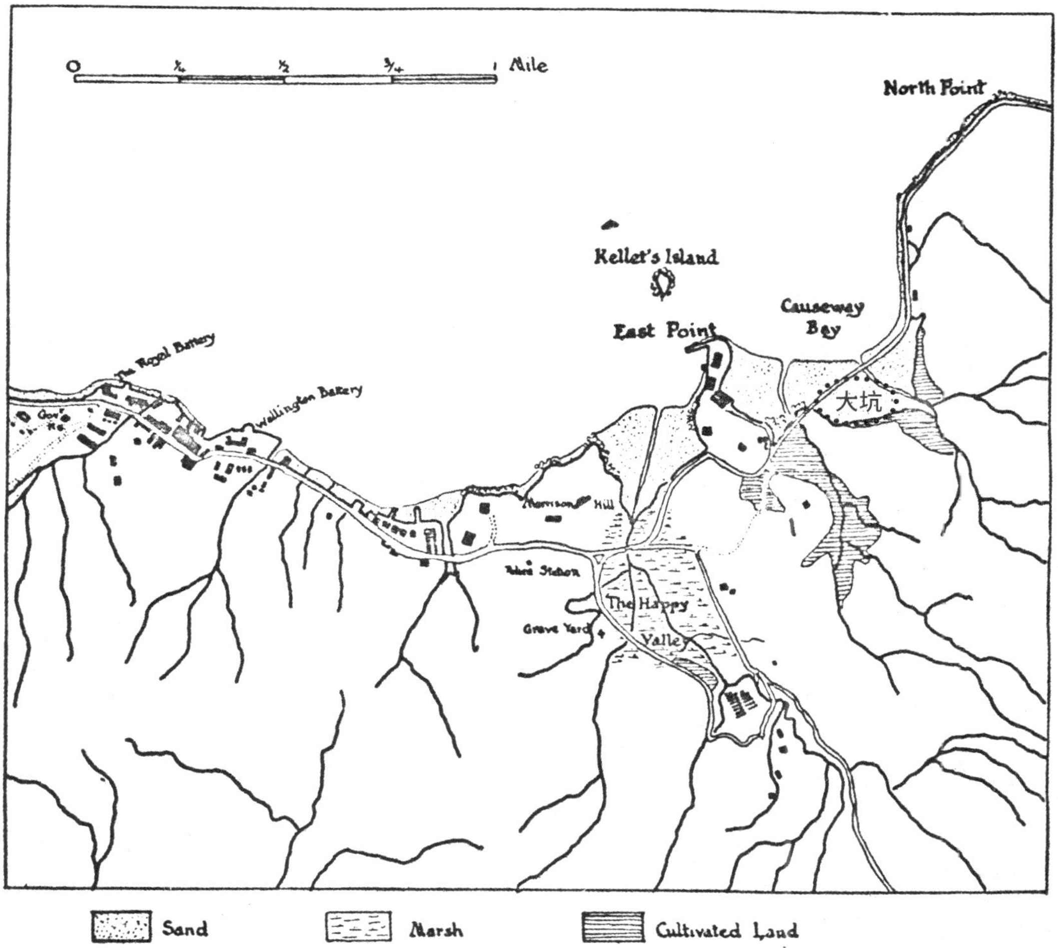

Sand　Marsh　Cultivated Land

7. VICTORIA: CAUSEWAY BAY AND HAPPY VALLEY REGION IN 1845

地圖 1：銅鑼灣及快活谷區，1845 年[9]。圖中圈點位置為大坑。

正值港英政府要在香港島上建立維多利亞城、予英國商人開展貿易活動的時候，在 1843 年 5 月，瘟疫開始在英軍的西角營爆發（後來知道是瘧疾），很多人發燒，然後死亡；至 7 月，疫情擴散至東角，並在 8 月蔓延香港島全城，疫症更得名「香港熱」（Hongkong Fever），直至同年 11 月，疫情才漸漸消退。英軍第 55 步兵團 526 名士兵中，有 242 人病死。整場瘧疾疫情奪去了英軍 24% 人員、10% 洋人居民的性命。然而中國居民的死亡數字則沒有記載。在東角的怡和洋行要員及在香港的富人都離開香港，到澳門暫避。[10]

9 T. R. (Thomas R.) Tregear and L. Berry, *The Development of Hong Kong and Kowloon as Told in Maps* (1st ed.), Hong Kong University Press, 1959, p. 7.

10 Christopher Cowell, "The Hong Kong Fever of 1843: Collective Trauma and the Reconfiguring of Colonial Space," *Modern Asian Studies*, Vol. 47, No. 2 (March 2013), pp. 329-364.

當時醫療界囿於時代局限，尚未發現瘧疾的病原體是「瘧原蟲」，經由蚊子散播給人類，而認為是由沼澤地區的「瘴氣」造成。所以當時香港政府認為，黃泥涌潮濕沼澤地上的水稻田、空氣不流通的環境及當時居民的房屋結構[11]，是造成「香港熱」傳播的原因。這也促成香港政府放棄了在黃泥涌發展維多利亞城的計劃，繼而將半山區劃為歐洲人居住的地方，將中國人集中在海邊的太平山區。[12]

在 1843 年「香港熱」及五十年後（1894 年）香港鼠疫中，十九世紀的醫療知識不足以讓人們應對這些致命的流行傳染病。大坑村村民在當時沒有外界的任何幫助下，相信只能以傳統社會的方式來應對瘟疫。大坑的客家人採取了舞火龍作為文化上的適應（Adaptive Cultural Responses[13]）。隨着日後大坑的鄉村人口數目增加，這個傳統上的文化適應便發展成今天凝聚社群、一連三個晚上、動員數百人的舞火龍活動。

二、大坑村

英國人管治香港前，大坑村已經建立，由不同姓氏的客家村民組

11 1898 年，香港政府以潔淨的理由，整頓大坑溪流兩旁的竹棚建構物（Matshed）（Government Record Service, "Insanitary Matsheds - Reporting a Number of - On the Hill-Side of Tai Hang Village." Record ID: HKRS58-1-13-85, Date: 10.11.1898 - 28.11.1898.）。

12 同前註。

13 Roger M. Keesing, *Cultural Anthropology: A Contemporary Perspective*, New York: Holt, Rinehart and Winston, 1981, p. 143.

最早期的大坑村。（由陳德輝先生提供）

成。大坑水源充足，是一個耕種稻米的地方。

英國人管治香港之後，開始有系統地定期進行人口統計。但大坑村的人口不多，因而沒有獨立的人口統計數字，相信大坑村的人口可能是算在「筲箕灣」鄉村裏面的紅香爐（村）裏。若以 1841 年及 1871 年的人口調查報告估計，大坑村可能只是一條不出數口人的小村落。

為了讓讀者明白十九世紀初期大坑村與整個香港人口的比較，茲列出香港政府於 1870 年進行人口調查的報告。1841 年的人口調查報告中，分別列出黃泥涌及掃桿埔的人口數字，但 1871 年的人口統計數字則沒有列出，相信是因為兩地已成為維多利亞城的一部分，人口數字也便算在維多利亞城區裏。

從表 1 及表 2 的人口數字來看，「白人」及「其他族裔」的人口總數是 3,421 人，在維多利亞城內的華裔居民是 79,593 人，而香港島及九龍的鄉村居民人口總數是 10,507。因而，從人口數字來看，當時的大坑村只是一條非常小的村落。

表 1：海陸軍部以外之香港人口統計，1871 年 4 月 2 日 [14]

	白人		華裔		其他族裔 [15]		總數	
	男	女	男	女	男	女	男	女
維多利亞城區	1,798	948			524	161	2,312	1,109
受僱於歐人之類之華人			5,606	1,003				
維多利亞城華裔居民			52,946	20,038				
							58,552	21,041
鄉村								
筲箕灣			1,666	694				
柴灣			103	90				
石澳			154	106				
大潭篤			35	32				
赤柱			657	353				
香港仔			1,039	312				
香港			174	157				
薄扶林			259	115				
九龍			3,534	1,027				
船民			15,139	8,570			15,130	8,570
暫住居民							57	
囚犯	60		391	13	15		466	13
							84,147	33,019

14 "No. 5. Return of the Population of Hongkong, exclusive of the Military and Naval Departments," *The Hong Kong Government* Gazette, 2nd April, 1871, p. 197.

15 原文為 coloured（「有色人種」）。

表 2：由各戶主申報所得香港華人統計撮要，並列當地居民人數、死亡率等 [16]

	男士	女士	男童	女童	各地總數	死亡率
維多利亞城	47,647	14,269	5,299	5,769	72,984	
受僱於歐人之類	5,436	808	170	195	6,609	
	53,083	15,077	5,469	5,964	79,593	691
鄉村						
筲箕灣 [a]	1,431	510	235	184	2,360	22
柴灣	57	53	46	32	193	5
石澳 [b]	99	70	55	36	260	4
大潭篤	27	27	8	5	67	4
赤柱 [c]	529	252	128	101	1,010	27
香港仔 [d]	831	226	208	86	1,351	25
香港	94	100	80	57	331	5
薄扶林	201	72	58	43	374	3
九龍	3,056	736	478	291	4,561	47
小結	6,325	2,051	1,296	835	10,507	142
總數	59,408	17,128	6,765	6,799	90,100	833

[a] 筲箕灣包括紅香爐、七姊妹、白水灣、餓人灣（臥人灣）及黃角咀。

[b] 石澳包括鶴咀及土地灣。

[c] 赤柱包括大潭篤及黃麻角。

[d] 香港仔包括鴨脷灣及西灣（卑路乍灣）。

16 "No. 6. Abstract of Returns furnished from each House occupied by Chinese in the Colony of Hongkong, stating Number of Persons resident therein, Mortality & c." *The Hong Kong Government Gazette*, 2nd April, 1871, p. 198.

老圍與新圍

大坑地區內有兩條水坑，主要的水坑源自畢拿山，隨山勢而下，自東南向西北流，經過虎豹別墅，流入浣紗街，再經過龍溪臺（今「龍濤苑」），然後從地底經過銅鑼灣道，流經今天火龍徑的位置，最後流入海。另一條坑的水則是從西南向東北流，沿現在大坑北面的新村街，流經過馬路的地底下，然後滙流進入龍溪臺前的水坑。

在未填海之前，大坑村就在海邊，是一條歷史悠久的客家人鄉村。這些村屋都是一層高的瓦頂屋，位於今天施弼街的南面，人稱「上圍」、「舊圍」或「老圍」。大坑聚落透過填海向北面擴展，建築新樓房及新街道。後來的人口便住在新建成的街道，相對於「上圍」和「舊圍」的名稱，人稱後者為「下圍」或「新圍」。

然而大坑的擴展，也從南面展開，在大坑村的南面，蓋了一列三層高、有騎樓的樓房，而成為「居仁里」。據説居仁里的居民比較富裕，後來居仁里成為新村街的部分，形成三條相鄰的街道都是新村街。而居仁里的南面，便是光明臺。再往山上方向走，便是虎豹別墅。

大坑北部多次填海，形成陸地，先是填到電車路（高士威道），又把水坑延長，駁通到海邊，再把高士威道以北，銅鑼灣避風塘的海面填出來，成為維多利亞公園。

1950 年代後期，一些小型地產商開始收購房屋發展，清拆舊日的瓦頂石屋。由於普通石屋只有 200 多平方呎，地產商的策略是以三間石屋的地基，重建兩座四至六層高的樓房，那麼每間樓房便大約有 400 平方呎。然後地產商從第二至五層中（包括天台）把其中兩層還給原來的業主，地產商則保留地舖位置。

經過多年的發展，除了數座古老村屋外，大坑現在已經發展成為一個高樓大廈的豪宅區。在這個都市化的過程中，很多原本居住在大坑的居民都已經離開大坑。然而，他們會在每年中秋節舞火龍時返回大坑，支持舞火龍的活動。

三、舞火龍成為非物質文化遺產

在全球化的衝擊下，很多地方傳統及手工藝逐漸消失。2003 年，聯合國教科文組織號召各國保護自身的地方傳統，提出《保護非物質文化遺產公約》（《公約》）。至 2006 年，公約成員國達至 30 個，公約也便正式生效。中國是公約成員國之一，一直致力實行各項保護非物質文化遺產工作，香港特區政府也跟從，並於同年開展非物質文化遺產的保護工作。[17]

根據《公約》中的定義，「非物質文化遺產」是指：「被各社區、群體，有時是個人，視為其文化遺產組成部分的各種社會實踐、觀念表述、表現形式、知識、技能以及相關的工具、實物、手工

17　廖迪生：〈香港「非物質文化遺產」：新的概念、新的期望〉，廖迪生編：《非物質文化遺產與東亞地方社會》，香港：香港科技大學華南研究中心、香港文化博物館，2011，頁 5－29；廖迪生：〈傳統、認同與資源：香港非物質文化遺產的創造〉，文潔華編：《香港嘅廣東文化》，香港：商務印書館，2014，頁 200－225。

藝品和文化場所。這種非物質文化遺產世代相傳，在各社區和群體適應周圍環境以及與自然和歷史的互動中，被不斷地再創造，為這些社區和群體提供認同感和持續感，從而增強對文化多樣性和人類創造力的尊重。在本公約中，只考慮符合現有的國際人權文件，各社區、群體和個人之間相互尊重的需要和順應可持續發展的非物質文化遺產。」

《公約》內的「非物質文化遺產」分為五個類別：

1. 口頭傳統和表現形式，包括作為非物質文化遺產媒介的語言；
2. 表演藝術；
3. 社會實踐、儀式、節慶活動；
4. 有關自然界和宇宙的知識和實踐；
5. 傳統手工藝。

2006 年，中央政府在實施《公約》的第一年，便設立了《國家級非物質文化遺產代表性項目名錄》(《國家級名錄》)。粵港澳三地政府聯合申報的「粵劇」和「涼茶」便成為首批入選《國家級名錄》的項目。

2009 年，香港政府將「大坑舞火龍」，連同「大澳端午龍舟遊涌」、「長洲太平清醮」及「香港潮人盂蘭勝會」申報成為國家級項目。這四個項目在 2011 年入選了第三批《國家級名錄》，成為香港首批自行申報成功的國家級項目。在 2012 年，大坑舞火龍的總指揮陳德輝先生，亦被確認為大坑舞火龍的國家級傳承人。其後，香港政府積極進行國家級項目的申報工作。2014 年，「西

2011 年「中秋節——大坑舞火龍」成功申報成為國家級非物質文化遺產項目。

貢坑口客家舞麒麟」、「黃大仙信俗」、「全真道堂科儀音樂」及「古琴藝術」入選了第四批《國家級名錄》；2021 年，「香港天后誕」和「香港中式長衫製作技藝」入選了第五批《國家級名錄》。現在香港共有十二個國家級項目。

這十二個項目當中，中秋節——大坑舞火龍、大澳端午龍舟遊涌、長洲太平清醮、香港潮人盂蘭勝會、黃大仙信俗及香港天后誕，均屬於「社會實踐、儀式、節慶活動」的類別，這些項目的共同特點是為社區和群體提供認同感和持續感。

香港的非物質文化遺產體制

隨着《公約》於 2006 年生效，當時特區政府在香港文化博物館內設立了「非物質文化遺產組」，處理有關保護非遺的工作。2015 年，非遺組升格為「非物質文化遺產辦事處」，並於 2016 年在荃灣三棟屋博物館設立「香港非物質文化遺產中心」，透過舉辦各種活動來提高公眾對非遺的認識。

特區政府於 2008 年成立了非遺諮詢委員會，由本地學者、專家和社區人士組成，就非遺的普查及保護措施等方面，向特區政府提供意見。2009 年，康樂及文化事務署委託香港科技大學華南研究中心，進行全港性的非物質文化遺產普查，以檢視仍存在於香港的非遺項目。2013 年，經非遺諮詢委員會草擬了一份建議非遺清單，當中包括了 477 個主及次項目。其後進行了四個月的公眾諮詢，非遺諮詢委員會在參考公眾意見後，將建議清單項目增至 480 個。2014 年，該清單獲得特區政府確認並成為香港首份非遺清單。

粵港澳三地於 2009 年聯合申報的「粵劇」，得到聯合國的肯定和認同，並且正式被批准列入《人類非物質文化遺產代表作名錄》，是香港首項世界非物質文化遺產。

另外，非遺諮詢委員會選出了多項具有高文化價值和急需保存的項目，以便為保育工作訂立緩急先後次序。於 2017 年，康樂及文化事務署公佈首份包含了 20 個項目的《香港非物質文化遺產代表作名錄》，作為香港非遺保育工作的參考依據。大坑舞火龍是其中的一員，成為香港重要的非物質文化遺產。

由 2006 年至 2017 年，經過十一年的努力，香港政府確立了《香港非物質文化遺產清單》及《香港非物質文化遺產代表作名錄》，還成立了「非物質文化遺產辦事處」和「香港非物質文化遺產中心」，使得香港非遺的保育工作可以有系統地進行。

《香港非物質文化遺產代表作名錄》(2017)

表演藝術

- 粵劇
- 西貢坑口客家舞麒麟
- 全真道堂科儀音樂
- 南音

社會實踐、儀式、節慶活動

- 長洲太平清醮
- 大澳端午龍舟遊涌
- 香港潮人盂蘭勝會
- 中秋節—大坑舞火龍
- 黃大仙信俗
- 宗族春秋二祭
- 香港天后誕
- 中秋節—薄扶林舞火龍
- 正一道教儀式傳統
- 食盆

有關自然界和宇宙的知識和實踐

- 涼茶

傳統手工藝

- 古琴藝術(斲琴技藝)
- 港式奶茶製作技藝
- 紮作技藝
- 香港中式長衫和裙褂製作技藝
- 戲棚搭建技藝

大坑的非物質文化遺產項目

大坑的舞火龍成為國家級項目，但若以《香港非物質文化遺產清單》作為參考，大坑有可能尚有以下傳統項目：

口頭傳統和表現形式

- 客家話
- 粵語

表演藝術

- 舞龍

社會實踐、儀式、節慶活動

- 觀音誕
- 天后誕
- 譚公誕
- 七姐誕
- 大聖劈掛門

有關自然界和宇宙的知識和實踐

- 傳統中醫藥文化（跌打）

傳統手工藝

- 紮作技藝（龍、花炮、花燈、燈籠）
- 花牌紮作技藝

第二章

大坑社區的形成

一、大坑社區

香港自從由英國管治之後，漸漸成為一個商貿的港口，也成為中國內地居民尋找機會及逃避戰亂的地方。1937 年日軍攻佔廣東的時候，很多內地難民逃到香港。然而當日軍於 1941 年佔領香港後，香港居民則離開香港，返回內地。[1] 1949 年，共產黨統治中國後，很多國民黨的軍人，以及他們的親屬和相關人員，選擇在香港停留。內地在往後三十多年裏，此起彼落的政治運動，也促使大量內地移民進入香港。這些增加的人口，在香港的不同地方定居。由於大坑位於香港市區邊緣，自然吸引了不少移民遷來，再也不是開埠前人口不多的客家村落。

大坑原來的客家人住在老圍。二十世紀初，老圍北面土地的擴展，成為外來人口定居的「新圍」，而新圍也開始有説廣州話的居民。新的外來人口與鄉村人口的分別、老圍及新圍的分別於焉而生。在新圍的居民眼中，老圍那邊的人是比較富有的，而老圍的居民則不太歡迎外面的人走到他們的地方。

在二次大戰後至 1950 年代，大坑設有自衛隊，由村民晚上輪班負責。到 1960 年代，村民還是非常提防外來的陌生人。據老街坊説，只要一個外人進入大坑，村民便會遠遠地跟着，看他在做什麼。村民更會詢問該人來意，如果是來逛街的話，便請他離

1 Edvard Isak Hambro, *The Problem of Chinese Refugees in Hong Kong: Report Submitted to the United Nations High Commission for Refugees*. Leyden: Sijthoff, 1955, p. 13; Hong Kong Government, *Hong Kong Annual Report*. Hong Kong: Government Printer, 1957, pp. 35-36.

開；如果他是來找人的話，便會引領他到目的地。

一些老街坊說，大坑就像一個竇，很少有外人來走入大坑。若有事情發生，也多是村內人之間的事。大坑基本上是很太平的，在1950、1960 年代，大家都不用鎖門，晚上放一張帆布床在街上，便可以睡覺了。很多村民已經是大坑的第三、四代居民，大家都互相認識，關係和睦。若有親朋來大坑探訪，村民不在家的話，鄰居都會幫忙招呼。吃晚飯的時候，若果煲了湯，就會請鄰居喝湯。

在 1950 年代以前的村屋大都是兩層高，地下及二樓都是住宅，有些單位更分租予不同的家庭。一個 300 呎的單位，可能住上二三十人。也有不少客家單身男住客，從中國大陸來香港工作，然後把收入寄回給鄉下家人。當時生活空間雖然狹窄，但卻締造了密切的人際關係。

早期的客家村民，大多參與打石工作，大坑的客家婦女亦從事「揞石屎」的工作，將花崗岩（香港稱為「大麻石」）打碎成小石粒，供應建築行業。後來在大坑定居的移民人口，在大坑的山邊搭建寮屋居住，當時的居民大多從事打石、養豬和種菜等工作，在蓮花宮山上便有很多木屋和菜田。1970 年代開始，汽車維修行業開始在大坑出現，後來也成為大坑的一個主要行業。

1945 年大坑東面山坡已為寮屋區，圖中圈點位置為大坑。（1945 年大坑及相鄰地方的空中攝影圖，香港政府地政總署，相片編號：681_6-4033）

1967 年大坑東面及南面的山坡滿佈寮屋，圖中圈點位置為大坑。（1967 年大坑及相鄰地方的空中攝影圖，香港政府地政總署，相片編號：1967-5612）

香港政府在大坑北面填海，開拓土地，而在拓展土地上的街道，主要是以政府官員的名字命名

布朗街（Brown Street）

街道原名寶琅街（Copper Street），1941 年 7 月 18 日憲報中易名為布朗街。

布朗（Samuel Brown）於 1889 年至 1891 年在港府任職總量地官，中央書院（皇仁書院）在其任職期間（1890 年）建成。[2]

重士街（Jones Street）

街道命名刊於 1916 年 10 月 22 日憲報。重士（Patrick Nicholas Hills Jones）於 1904 年 3 月 30 日至 1904 年底，在港府任職工務司。[3]

京街（King Street）

經亨利（Thomas Henry King）於 1934 年至 1938 年在港府任職警務處處長。[4]

2 Tai Hang Fire Dragon Heritage Centre Limited, P.K. Ng & Associates (H.K.) Limited and the Team Consultant, "Revitalization of No. 12 School Street as Tai Hang Fire Dragon Heritage Centre Heritage Impact Assessment Report,"2017, p. 10.

3 同前註。

4 同前註。

安庶庇街（Ormsby Street）

街道命名刊於 1941 年 7 月 18 日憲報。安庶庇（Robert Daly Ormsby）於 1897 年至 1901 年，在港府任職工務司。七號差館（西環警署）在其任職期間（1900 年）建成。[5]

施弼街（Shepherd Street）

施弼（Bruce Shepherd）曾任職副田土官，負責新界田土登記。[6]

1882 年 12 月 18 日，獲委任為總量地官署一級文書。[7] 1891 年 4 月，以副田土官職，署任最高法院登記官、法定受託人、公司登記官及田土官。[8] 1892 年 1 月 26 日，以副田土官職，暫任破產管理官。[9] 1902 年 1 月 1 日，田土廳從最高法院登記處分拆出來，施弼由副田土官升職為田土官。[10]

5 同前註。

6 同前註。

7 "Government Notification—No. 500," *The Hongkong Government Gazette*, 23rd December, 1882, p. 1006.

8 "Government Notification—No. 166," *The Hongkong Government Gazette*, 11th April, 1891, p. 277.

9 "Government Notification—No. 48," *The Hongkong Government Gazette*, 30th January, 1892, p. 96.

10 "Government Notification—No. 60," *The Hongkong Government Gazette*, 1st February, 1902, p. 110.

安庶庇街，估計為 1950-60 年代的照片。安庶庇街亦是現在每年舞火龍舉行起龍儀式的地點。(圖片由陳德輝先生提供)

華倫街（Warren Street）

華倫（Charles Edward Warren）在 1895 年 11 月 15 日以「監工」身份加入工務司署，[11] 後於 1900 年 5 月 1 日轉任潔淨局二級總差。[12] 他獲納入認可建築師名單。[13]

二、畢拿山石礦場

港英政府管治香港後，展開維多利亞城的建設，當時的建築設計以歐式石砌建築為主，因而需要大型石方作為建築材料。花崗岩

11 "No. 16: Report of the Director of Public Works for 1895," *Sessional Papers 1896*, p. 207.

12 "No. 16: Report of the Director of Public Works for 1900," *Sessional Papers 1901*, p. 338; "Civil Establishments of Hongkong, for the Year 1900," *Hongkong Blue Book for the Year 1900*, p. l98.

13 Tony Lam Chung Wai（林中偉）, "From British Colonization to Japanese Invasion: The 100 Years Architects in Hong Kong 1841-1941," *HKIA Journal*（香港建築師學報）, Issue 45, 1st Quarter 2006, pp. 44-55.

質地堅硬，是優質建築石材，這促成石礦場在香港不同地方出現。其中畢拿山石礦場（Mount Butler Quarry）位於大坑南面畢拿山的東部，在渣甸山和小馬山之間，於二戰期間開始營運，至1990 年代結束。[14]

打石工作曾經是香港一門主要的行業，早期不少大坑的客家人，便是從事打石工作。二戰之後，建築方式改變，建築物以混凝土（又稱「石屎」）興建，不再以大型石方作為建築材料，石礦場亦改為開鑿碎石。[15]

揞石仔（林惠連口述）

虎豹別墅山上面有石礦場，石礦場的男工，首先用大錘破開大石塊，再破開成為比較小塊的，然後丟出來。我們便用籮承載，擔到工作的地方。我們用一塊大麻石做工作枱，戴着客家帽，再用竹架架起麻包布，遮太陽。

我們很多人一起工作，用小錘來搗，各自搗自己的石塊，搗完之後，放在斗（籮）裏，然後抬下去收貨的地方，登記工錢。譬如收貨人說要一吋半的碎石，我們便搗到一吋半的給他。

14 朱晉德、陳式立：《礦世鉅著：香港礦業史》。香港：ProjecTerrae，2015，頁225。

15 同前註，頁 204。

三、番衣氹

昔日大坑的溪流為大坑村帶來穩定的淡水供應。大坑的河溪在現在李陞學校前面的山邊位置經過，在那裏形成一個水塘。1899 年，香港政府為了改善社區衛生及利用溪水，在該地建造洗衣場，利用山溪水洗濯衣物。大坑居民稱之為「番衣氹」或「番衣塘」，意思是指洗濯外國人衣物的地方。洗衣場是由山溪中的方格形狀的洗衣槽組成，負責洗衣的工人，要走入方格裏洗衣服，洗濯完畢後，拉起水閘，排放洗衣水。在 1909 年的政府公文顯示，該處有十九格政府及九格私人的洗衣槽。[16] 據説該處曾經有一間「電力洗衣公司」從事洗衣業務，替酒店和茶樓洗枱布。

洗衣槽在馬路旁邊，而在洗衣槽的另一邊，則有一個天然的深水池，吸引小孩子在那裏游泳，但據大坑居民說有很多小孩在那裏遇溺，一位街坊説是因為水池下面有大石，外面來的小孩不懂地形，跳水時碰到大石而出事。所以後來在那裏豎立了一塊「南無阿彌陀佛」的石碑。這也是每年舞火龍時，火龍隊伍要前來朝拜的一個地點。

由於畢拿山和渣甸山沒有山林，儲水量不多，在雨季期間，遇有暴雨，溪水溢流，使區內頓成澤國；嚴重的更會引起山洪暴發，並會帶同山上泥沙，於大坑堆積。1957 年的一場大雨，令大坑嚴

16 Land Office, "Report on Squatters' Holdings in the Village of - Pak Shui Wan, City of Victoria, Peak Road, Wongneichong, and Washing Tanks at - Tai Hang Stream, Pokfulam Road and Kennedy Town," 1909 (Government Records Service, Record ID.: HKRS58-1-48-48).

「南無阿彌陀佛」石碑，攝於 2023 年。

重水浸。及後，政府也開展渠道改善工程，分階段將原有溪流挖深擴闊，改成以混凝土建築的明渠。但這些措施似乎解決不了問題。居民憶述，在 1961 年及 1962 年期間，大坑曾經出現多次大水浸，隨雨水而來的泥沙填平了整條浣紗街的水坑，路上停泊的汽車也被埋在泥沙下面。當時有車主提出賞金一百元，尋找埋在泥裏的汽車。大坑的居民認為，大坑曾經有多次大雨成災，山上的雨水及石塊沖到浣沙街，多少是因為畢拿山石礦場的關係。

其後政府於 1964 年將浣紗街的明渠改建為暗渠，解決了水浸大坑的問題，連帶着番衣氹及水坑都變成了地下水道；同時改善了區內的衛生環境。最重要的是此舉擴闊了浣紗街的路面，讓浣紗街成為每年大坑舞火龍表演的重要場地，也成為每年中秋期間凝聚居民參與舞火龍盛事的地方。

番衣氹（估計為 1950 年代）。（照片由陳德輝先生提供）

四、耕菜園養豬

在今日勵德邨的位置及虎豹別墅鄰近一帶，以前有不少村民是以種菜及養豬謀生，有些更是第二或第三代的村民。他們種的菜及養的豬，供應香港市民的需要。

據説耕菜園的村民以前經常到筲箕灣出售他們的蔬菜，因而有機會參加筲箕灣譚公誕的慶祝活動。每年農曆四月初八日，他們會以「菜園行」的名義前往筲箕灣譚公廟賀誕，這是大坑的一項大型周年節慶活動。大坑村民稱他們的組織為「菜園炮會」，由於炮會需要地方供奉譚公花炮，那樣，供奉花炮的地方便成為村民平時聚會的地方。村民憶述，最初的「菜園炮會」是在山上虎豹別墅的旁邊，後來遷到新村街。

菜園炮會成為村裏的公共空間，一些與舞火龍有關的工作，也會在菜園炮會的地方進行，例如包裝龍餅，之後派給村民。很多耕菜園的村民也積極參與舞火龍的活動。他們每年利用煮豬潲的大鍋煮粥，給數百名健兒在舞火龍活動後充飢。

1957 年雨災

1957 年 5 月 22 日，香港廣泛地區受到豪雨影響，大坑區被山上沖下來的沙石及雨水淹浸，沙石將浣紗街的明渠填平，各街道亦有大量沙泥淤積，掩埋汽車 30 輛。5 月 28 日，大坑區再受另一場豪雨影響，再遭水淹（見《工商晚報》，1957 年 5 月 22 日，〈浣紗街之居民 被困不能出門〉；1957 年 5 月 28 日，〈元朗雨災嚴重　昨晚水退今晨又回漲　大坑區今午再遭水淹〉）。下列照片為該次雨災後之情況。(照片由陳德輝先生提供)

安庶庇街。

浣紗街。

浣紗街明渠。

浣紗街明渠。

安庶庇街。

婦女們清理屋內的泥沙。

第三巷。

居民在門口放置沙包，以免泥沙湧入屋內。

養豬（陳明喜口述）

我們家是養豬的，祖母的一代已經是養豬的。今日勵德邨所在的整個山頭，以前都有人養豬種菜。我們不識字，便養豬。母豬生小豬，豬養大了，賣了，那便有錢。

養豬的話，要準備豬潲給豬吃。我和媽媽每天便推一架木頭車，到賣生果的地方撿西瓜皮。往酒樓茶室倒潲水，都要給他們錢，不然他哪給你倒？撿些菜篋也要給人家點錢，人家才肯給你啊。

我們養豬的，往中環、灣仔，各有各找。然後放到籮裏、桶裏；擔上貨車，再由貨車運回去大坑。

那架貨車晚上停在鵝頸橋。我和媽媽便在晚上把收集到的東西搬上貨車。到翌日早上，又開始去酒樓茶室，倒潲水、買菜篋。不光是我們，有十幾人一起用那一輛貨車。我們每天大家湊份，給司機叔叔車資。

貨車回到大坑之後，有兩個卸貨的地點，一個在現時勵德邨的位置，另一個在渣甸山上面。卸貨之後，便要用人手搬回菜園。

有時要用木頭車推回來，上環啊、中環啊、灣仔啊，一路推回來啊。在大坑道又要上斜路，即是現在聖馬利亞堂那間幼稚園，一路上去，就上到去虎豹別墅停車場，然後再擔上山。

以前我們養幾十隻豬。自己去撿西瓜皮及倒潲水，加上自己種的蕃薯藤，做豬潲。將剁碎了的菜篋放在大鍋裏煮，加些潲水在裏面，就不怕沾鍋了，要把它煮到爛透。我們也往文德酒房，拿些酒糟餵豬。要給生了些小豬的吃酒糟，因為酒糟是米，有營養。吃了酒糟的母豬，好發奶啊，那麼小豬就快高長大了。

母豬生小豬。母豬生產後第二天，小豬能夠自己吃東西，我們便把牠們與母豬分開，搬到另外的豬欄。這樣，我們便有五六十隻豬。

我老爸老媽是種菜養豬的，那我便跟隨他們去做那些事，好辛苦啊！養豬的話，每天都要餵牠們，能賣的，才有收入啊！

發豬瘟啊！「大吉利是」啊！全部豬都不要了，要停一陣子才可以繼續養豬。

五、山邊木屋

在二次大戰之後，隨着香港人口的增加，大坑山坡上的寮屋也逐漸增加。大坑位於市區的邊緣位置，方便居民在市區尋找工作機會。對身無分文、付不起租金的新移民來説，容身在這些沒有基本生活設施的寮屋，是唯一的選擇。

在大坑的東南及東面山坡，沿着浣紗街、蓮花宮及禮賢里，都是寮屋區。大坑居民給予寮屋區不同的名稱。他們稱浣紗街後的山坡，即現在勵德邨的位置為「浣紗街後山」；而蓮花宮後面的則稱為「蓮花宮後山」，禮賢里旁的山坡則是「馬山」，而在虎豹別墅旁水坑對上的山坡，則是芽菜坑。住在這些寮屋區的居民，也參與大坑的舞火龍活動，成為紮作火龍及舞火龍的生力軍。

在 1950 年代，香港的寮屋區急遽擴展，然而在缺乏政府規劃的情況下，容易出現火災及治安問題。馬山便曾經發生多次火災，大坑坊眾福利會為此進行賑災工作。一些大坑居民憶述，蓮花宮後山與馬山是比較複雜的地方，那裏常有賭檔及販賣毒品的非法活動。到 1990 年代，政府清拆所有大坑山坡上的寮屋，原來的寮屋居民也遷離大坑。很多遷徙到政府在香港不同地方興建的公共房屋，這也形成每年舞火龍人手的流失。

寮屋生活（陳錦榮口述）

我們有七兄弟姊妹。為了負擔一家人的生活，父母要到外面工作。父親是在灣仔的酒吧工作，而母親則是在九龍那邊做私人司機。因為工作關係，他們一星期才回來見我們一次。

我們住在木屋時，是沒有自來水的，也沒有電和煤氣的供應。洗澡時，則是在儲水池中拿一桶水，去那些所謂的浴室去洗澡，浴室裏面是分開一格格的。我有一個很開心的回憶，就是搬進新村街二號的第一天，竟然有水洗澡；那刻真的很開心。

我們在山頂種菜，自己什麼菜都有。所以除了想吃肉外，基本上都不用外出用膳。我們會拿自己的菜出去賣，也會養豬拿出去賣。

種菜的水是從山水來。我們家弄了一些水池，下雨時，水池便可以儲水。但若果沒有下雨的話，我們便要到山下擔水回來。

蓮花宮山有一位女士專門為人家擔水，那是每桶水算錢的。我們會在門口放一個桶，她便會倒水進我們的桶內。

寮屋區的工廠（廖偉強口述）

在蓮花宮山邊的寮屋區，有一家工廠生產電風扇，請大坑村民和寮仔那些廉價勞工來工作，按典型的分工工序工作，工資是一、二元一天。當政府清拆蓮花宮後山和馬山的寮屋時，他們遷往柴灣，蓋了蜆殼電風扇大廈。

大坑馬山火災，1951 **年** 11 **月** 26 **日**[17]

馬山山巔十餘間木屋於 1951 年 11 月 26 日下午發生火警，大坑坊眾福利會展開救災工作，於孔聖會義學校址收容沒有親人可以投靠的難民。

香港政府社會局於 27 日發報有關火災的調查紀錄：

被焚去木屋 13 間。

受害家數共 23 戶。

無家災民共 69 名。

消防局掘出大小豬牲 21 隻。

災民男 20 名，女 12 名，小童 37 名。

17 〈大坑馬山火災難民〉，《華僑日報》，1951 年 11 月 28 日。

馬山木屋大火統計，1955 年 12 月 1 日：[18]

燬寮屋 80 餘間。

災民人數 489 人。

災戶 118 戶。

罹難人數 4 人。

大坑坊眾福利會於籃球場蓋搭棚帳，收容 200 餘人。

大坑坊眾福利會呼籲各界援助 1956 年大坑火災災民的信函[19]

敬啓者：八月二日六時，本區大坑道木屋不幸遭遇火焚，焚燬木屋百餘間，災民七百七十六人，則在敝會球場蓋搭棚廠作為臨時收容，刻已積極展開急賑工作。惟以茲事體大，敬向熱心公益善長呼籲，平日木屋居民生活素已艱苦，現復遭不幸，因火勢過烈，多數隻身逃亡，所有衣物，盡付一炬，扶老携幼，欲哭無淚，誰無憐憫，然善後救濟，需財孔殷，急不容緩，敝會獨力有限，不得不求多方支持。素仰台端熱心公益，向具赤誠，行善切解推之念，以冀廣集物資，共勸善舉，庶幾集腋成裘，叩賴義德，謹為災民請命，伏祈惠予欣助，賑欵請惠交敝會辦事處或工商日報、星島日報、華僑日報，悉從尊便，屆時當另奉收據，以資徵信，統祈亮照，為荷。

18 〈馬山火災難民四百餘眾〉，《華僑日報》，1955 年 12 月 6 日；〈大坑街坊福利會急賑馬山災民〉，《華僑日報》，1955 年 12 月 12 日。

19 〈救濟大坑火災災民〉，《工商晚報》，1956 年 8 月 6 日。

馬山村火災，1960 **年** 1 **月** 15 **日**[20]

人畜遭殃，人隻身逃出，肉猪被燒死

木屋區內許多居民都以養豬為副業，有些養了一兩頭，有些養四、五頭，但人們性命要緊，那裏顧得肉豬，肉猪走的走了，不能走的被燒死，一條肉豬價值幾百塊錢，成為居民的主要財產，損失很大。有一個居民傅東海，是電車公司天綫部工人，他借債養豬十多頭，都燒死了，損失幾千元。

馬山販毒活動肆虐，1972 **年** 4 **月** 7 **日**[21]

警方昨派隊掃蕩銅鑼灣馬山毒窟之際，街坊會一首長稱：此毒品「超級市場」係香港之羞恥。

在一連串之搜查下，警方昨拘捕兩男子，及搜得疑係海洛英及温和毒品之物品若干也。

街坊會之甄子傑謂：馬山係一黑點。許多居民知之，當局知之，甚至外面亦知之。渠謂：該處毒窟已出名凡十年，雖然警方不斷掃蕩，目前仍存在。

甄氏贊同派員日夜駐守，係最有效之撲滅方〔法〕。渠謂警方過去之努力未獲「理想」結果，渠問「警方是否已盡最佳之努力，不然，則廿四小時看守似為答案。」

20 〈港九兩木屋區昨晨大火〉，《華僑日報》，1960 年 1 月 16 日。

21 〈警方掃蕩馬山毒窟　甄子傑指蓮花山情況為香港羞耻！〉，《工商晚報》，1972 年 4 月 7 日。

六、體育運動的風氣

舞火龍需要很大的力氣，可以説是一項大規模的社區體育運動。大坑的環境，有利於孕育體育運動的愛好者。大坑銅鑼灣道旁本來有海軍球場，而後來海邊填海後，在高士威道北面建成維多利亞公園，這些設施方便大坑居民從事體育運動。

大坑的李惠堂是公認的「中國足球球王」，1936 年他帶領中國隊參加柏林的奧運足球賽，而隊員中有七人來自大坑。李惠堂是 1946 年成立大坑坊眾福利會的發起人之一，也成為福利會首三屆的理事長。

另一位佼佼者是葉觀雄，他被譽為「本港最偉大網球員」。1948 年，葉代表廣東省參加全運會，贏得冠軍。1950 年，他更晉身溫布頓網球賽。在 1960 年代，澳洲網球隊訪港，當時四十多歲的葉觀雄代表香港上陣，竟能打敗十九歲青年組冠軍谷巴。

陳明喜女士平時在家幫忙養豬工作，要常常推車運送養豬物資，鍛練了很好的體力。她於 1963 年參加香港競步會主辦的全港公開環島步行比賽，獲得女子組冠軍。

大坑坊眾福利會也曾經是教授中國功夫的場所。陳秀中師傅在大坑土生土長，拜「大聖劈掛門」宗師耿德海為師，1954 年開始教武，除了在大坑成立陳秀中健身院，亦選用大坑坊眾福利會作為其武館長期教武習武之地。每逢大坑節慶，陳師傅攜徒表演武術助興。陳將大聖劈掛門發揚光大，亦培育出不少搏擊冠軍及武打紅星。

李惠堂的七年足球經歷（1922－1928）[22]

李惠堂在《足球》一書中，記載了他寫書前七年的足球經歷。十七歲時，他首先代表他成長地方的大坑足球隊，參加南華體育會的第一屆「夏令營杯」足球賽，球隊最後獲得冠軍。

年度	隸屬	職位	賽會	成績
1922	大坑足球隊	正前鋒兼代表	南華夏令第一屆	冠軍
1923	南華乙隊	正前鋒	香港乙組特別銀牌	亞軍
	南華甲組	左鋒	第六屆遠東大會	冠軍
	南華甲組	左鋒兼中文文牘	第一屆遊澳球隊	遊歷性質
1924	南華甲組	左鋒兼西文文牘	香港甲組獎杯	冠軍
	大坑足球隊	左鋒兼隊長	南華夏令第二屆	亞軍
1925	香港隊	左鋒	港滬埠際錦標	優勝
	南華甲組	左鋒兼文牘	香港甲組獎杯	亞軍
	南華甲組	左鋒兼副隊長	廣東第九次全省大運動	冠軍
	南華甲組	左鋒兼副隊長	第七屆遠東大會	冠軍
	樂羣足球隊	左鋒	上海華人甲組	冠軍
1926	華東隊	左鋒兼隊長	上海萬國賽會	亞軍
	華東隊	左鋒兼隊長	分區錦標	失敗
	樂華足球隊	左鋒兼隊長	上海華人甲組	冠軍
	復旦大學	名譽教練	江大錦標	冠軍
1927	華東隊	左鋒兼隊長	上海萬國賽	失敗
	華東隊	左鋒兼隊長	分區錦標	失敗
	上海隊	左鋒	港滬埠際錦標	失敗
	中國球隊	左鋒兼隊長	第二屆遊澳球隊	遊歷性質

22 李惠堂，1928，《足球》。上海：樂華體育書報社，頁 18－19。

（續上表）

年度	隸屬	職位	賽會	成績
1928	樂華甲組	左鋒兼隊長	上海甲組獎杯及甲級杯	兩種冠軍
	上海隊	左鋒		優勝
	華東隊	左鋒兼隊長	港滬埠際錦標	冠軍
	華東隊	左鋒兼隊長	分區錦標	亞軍
	樂華隊	左鋒兼隊長	上海萬國賽	遊歷性質
			小呂宋行	

環島競步比賽（陳明喜口述）

我每天都在灣仔一帶收集菜篋和廚餘，在嘉隆士多吃水果的《星島虎報》編輯，認為我走路快，提議我去參加環島競步比賽。他又安排教練，讓我在東華東院外面的草地練習。

我那時廿二歲，尚未結婚。當時有二千多人參加比賽，比賽下午兩點多開始，走到八點，共六小時。上赤柱炮台，又走回頭，一路到石澳，又回頭，走兩次;走遍全香港啊。

我這個無名小卒，成為了第一屆環島步行的冠軍小姐，英京大酒樓安排了一輛 Rolls-Royce 來接我，那時，挺多人在看。我説看什麼呢？我每天早上都在你們門口經過。

香港競步會主辦全港公開環島步行比賽，女子組冠軍陳明喜（中）亞軍鍾秀珍（左）季軍謝淑瓊（右）抵終點後合照。（本報記者攝）

香港競步會主辦全港公開環島步行比賽。[23]

23 〈香港競步會主辦全港公開環島步行比賽〉，《華僑日報》，1963 年 7 月 21 日，圖片由《南華早報》（*South China Morning Post*）提供。

網球王葉觀雄（葉綉球口述）

我父親是打網球的，他很喜歡運動。那個年代，沒有教練，他只是走進中華遊樂會，拿個球拍自學打網球。他身材比較高大，所以佔便宜。即係起碼來講，球的速度、攔截，樣樣都比較好。參加比賽時，遇到有些好的對手，他就請教一下別人。好像代表去打過亞運，看人家是怎樣打，有什麼改進。那時，他是第一個華人去參加溫布頓比賽。

他喜歡去環遊世界，不斷在不同地方打比賽，打遍東南亞，亦贏過不少冠軍。在歐洲也贏過一兩項，不過就不是最高級的。

後來，我父親和母親，還有其他南華會會員，一起申請在九龍京士柏（衛理徑）成立南華會網球中心，建立了一個專門的網球運動場館（Stadium）。

小新村球隊（陳德輝口述）

剛開始的時候，我們的球隊名叫「小新村」，也就是指由新村街成員所組成的球隊；後來改名為「大坑七傑」。那時有些報章有報道地方球隊比賽的消息，例如我們想約科技小球隊比賽，就在報紙上這樣寫：「小新村約科技小球隊，維多利亞二號場，六點到七點。」對方看見報道，便會回覆那間報館。那個時候，我負責打電話聯絡報館，但電話很難接通，很花時間。

籃球隊（林荃添口述）

當時我是街坊會青年部部長，我跟陳伯說要弄一個籃球場，組織一隊籃球隊。他說好，不過沒有錢。我說不要緊，我自己出錢和組織吧。開始時來了二十多人，大家年紀差不多的。但他們打球時都會打架。我跟他們說打籃球是打籃球，打架是打架，兩樣東西不能混在一起。我本來也很頑皮的，自從到聖保羅讀書後，便學懂了什麼叫規矩，我便跟他們講規矩和道理。

我們打籃球的這一群，也會去新界旅遊，一個月一次。我們有自己的車，我懂得開車，一架車載十多人。但那時沒有人數限制的。大家用手捉着車上的繩索，便可以穩坐車上。我們去新界、沙頭角，有多遠去多遠。那時大家一起合伙出錢在街上買東西吃，當午餐。如果我有錢的話，我便請大家吃一頓。

七、大坑社區的構成

在英國人最初管治香港的時候，大坑只是維多利亞城東面邊緣的一個客家人的聚落，而且人口有限。大坑有水源可以種植稻米，也因臨近海邊而可讓村民沿海捕魚，如一般的鄉村聚落一樣，建基於小規模的漁農經濟。不久後，英國人建設維多利亞城，為打石行業造就機會，它也成為大坑村民參與的另一個主要行業。隨着維多利亞城的發展，大坑的經濟活動也便回應城市居民的需要，番衣氹成為專業洗衣的地方，而很多村民都會種菜及飼養豬隻，為城市居民提供糧食。

二次大戰之後，對身無分文的新移民來説，大坑接近香港市區的中心，當地的寮屋區既可以暫時解決居住問題，亦方便他們在市區尋找工作。他們住進寮屋區，融入大坑社區後，亦成為每年舞火龍的健兒和觀眾。

另外，舞火龍是一項需要高體能的活動，原來大坑村的村民及遷入大坑的寮屋居民，比較多從事體力勞動的工作，加上大坑有重視體育活動的風氣，孕育了一些有名的運動員，相信這些都是舞火龍活動得以在大坑延續的背景因素。

大坑原來的村民大都是客家人，最能體現他們客家人身份的時刻，就是在一年一度的中秋舞火龍。初期參與舞火龍的健兒，大都是在大坑出生或者住在大坑的居民，他們自稱為「大坑仔」。這些「大坑仔」的舞火龍技藝，是父傳子繼或是由長輩傳授晚輩。[24] 每年舞火龍之前，在蓮花宮舉辦的開光儀式是用客家話進行，沿用至今。可以理解，客家人的身份在舞火龍的發展中曾經有着十分重要的角色。

在都市化的過程中，尤其是在 1960 及 1970 年代，大量外來人口遷入大坑，而很多大坑的原來居民則遷往其他地方。可喜的是，很多已遷走的大坑居民還是願意回來參加舞火龍活動。但現實是很多參加的健兒都不會説客家話了，所以近年來，客家人的身份

24 大坑坊眾福利會：《大坑坊眾福利會五十週年紀念特刊，1947－1996》，香港：大坑坊眾福利會，1996，頁 15。

在舞火龍活動中已經漸漸變得不再重要。由於舞火龍活動需要大量人手，大坑坊眾福利會也開始採用更為開放的制度，凡是對舞火龍有興趣的人士，可以通過大坑坊眾福利會的培訓，加入舞火龍的隊伍。[25] 這樣，大坑舞火龍的活動已不再局限於客家人或大坑仔的參與了。

25 陳天權：《香港節慶風俗》，香港：明報出版社，2012，頁 41。

大坑坊眾福利會

嗚謝 民政事務總署 贊助

中秋舞火龍

一年一度舞火龍快將開始

舉辦日期：2023 年 9 月 28 至 30 日

【即農曆八月十四日至十六日】一連三晚。

歡迎本區青少年 踴躍參加舞火龍活動，

有興趣人士 可親臨本會免費報名。

舞火龍（男 性），年 齡 15 歲至成年

紗燈組（小 童），年 齡 10 歲或以上〔男、女均可〕

報名日期 ：2023 年 6 月 28 日開始（星期三）

報 名 時 間：星期一至五 (9:30am - 6:00pm)

星期六 (9:30am - 3:00pm)

(星期日及公眾假期休息)

如有任何查詢可致電 ☎ 2577 2649

或 親臨 香港銅鑼灣道 121 號

如有興趣參與，必須親自攜帶身份證前來報名，

以備送交警署辦理舞火龍牌照。

舞火龍通告，攝於 2023 年。

蓮花宮
白蓮座上慧風生
楊柳枝頭甘露洒

第三章 節慶活動與地方組織

節慶是地方社會調息的周期性活動，社區成員放下手頭上的工作，參加活動，一方面是祈求民間宗教上的意義，另一方面，讓大家有一個愉快的喜慶時刻。定期的神誕節慶活動，是維持社會網絡、凝聚社會關係、塑造社群認同感的時刻。很多神誕節慶活動都是自發性的，在悠長的歷史過程中形成的地方傳統。

在大坑，舞火龍是最主要的周期性節慶活動，大坑居民每年紮作一條新的火龍，在中秋節前後的三個晚上（農曆八月十四、十五及十六日）舞動火龍，巡遊整個大坑社區。然而在火龍舞動之前，居民需要在大坑蓮花宮內進行開光儀式，將人手紮作的工藝品，變成為社區帶來平安的神聖火龍。

除了舞火龍之外，大坑居民還會參與大坑蓮花宮的觀音誕及筲箕灣譚公廟的譚公誕慶祝活動。根據大坑老街坊口述，這三個節慶活動都有着非常悠久的歷史，而很多居民會同時參與舞火龍與譚公誕的活動。

一、大坑蓮花宮

蓮花宮奉觀音為主神，[1] 坊眾視其為社區的保護神。觀音是佛教神明，亦為民間宗教之一員。傳說觀音坐在蓮花上修道，蓮花宮遂

1　祂又稱「觀自在菩薩」、「觀世音菩薩」或「觀音大士」，大慈大悲，聞聲救苦，立誓救渡眾生。正因「觀其音聲，皆得解脱」，所以名為「觀世音菩薩」。

成為觀音廟的別稱。又相傳觀音曾於大坑的蓮花石上顯聖，[2] 所以廟宇亦以蓮花宮名之。

蓮花宮原來位處大坑海邊的東岸，本來享靠山臨海格局，與海邊之間有大量農地，中間並無樓宇阻擋。其原處低窪濕地，[3] 故前殿底設地台，左右出口離地面約 12 呎，以階梯連接地面入口。後來因市區發展，擴展填海，掩蓋前殿下之柱礎，現只有約四分之一露出地面，支柱之間的拱形結構亦不易看見。[4] 前殿左右兩個窗戶的對聯「開窗臨海面，閉月到籠洲[5]。」「遠看山色秀，近聽水聲清。」描述舊時廟址所處的地理情況。

從蓮花宮所處的地理環境和建築形態來看，廟宇並非蓋在平地上，而是背靠蓮花宮山，最初只是一間蓋在海邊斜坡岩岸上的小神龕，後來經過多次原地擴建，而成今天之外型。

廟宇正脊脊飾和入口石匾額，都是於同治二年（1863－1864 年）所造；廟內亦保存一口同治三年農曆十二月（1865 年）的古鐘。從以上碑銘器物，估計該廟在 1865 年，已達至現在的規模，至今至少有近 160 年的歷史。

2 大坑蓮花宮，1986 年《蓮花宮重修落成碑記》，原文為：「夫大士顯聖於蓮花石上，為萬民消災解厄。」

3 余震宇：《港島海岸線》，頁 174－175。

4 Temples Unit, Trust Funds Section, Home Affairs Department, *Temple Directory*. Hong Kong: Temples Unit, Trust Funds Section, Home Affairs Department, 1980, p. 12; 蓮花宮 1869 年相片，香港歷史博物館藏品。

5 即燈籠洲（奇力島）。見第一章註 5。

自英國人管治香港島之後，人口開始增加，蓮花宮也因獲得信眾支持而得以擴建。蓮花宮之創建，相信與在大坑定居的客家群體有關。在清一代，南中國客家人歷經多次移民潮，南遷沿海各地，其中一個主因是逃避戰亂。太平天國內戰在南中國爆發，歷時十四年（1851－1864 年），影響極大，波及全國。客家人遷移而至，集聚定居，相互扶持，逐漸凝聚而形成社群，坊眾視觀音為社區保護神，興建該廟，成為社區的公共設施。另一方面，蓮花宮位處銅鑼灣的海邊，水上居民也會尋求觀音的庇佑，這讓蓮花宮成為大坑的主要民間宗教活動場所。

大坑蓮花宮本屬曾氏家族所有，[6] 並且不受 1928 年訂立的《華人廟宇條例》所規管。1975 年起成為華人廟宇委員會直轄廟宇，[7] 2014 年列為法定古蹟。從建築風格及廟內文物推斷，該廟應於 1860 年代創建。

蓮花宮的建築價值 [8]

蓮花宮的建築非常獨特。與其他傳統兩進一天井格局的中式廟宇不同，蓮花宮呈半八角形前殿與長方形正殿（後殿）之間沒有天井。由於廟宇坐落於山坡上，設有重檐攢

6 Temples Unit, Trust Funds Section, Home Affairs Department, *Temple Directory*, p. 12.

7 大坑蓮花宮，1999 年《蓮花宮重修落成碑記》。

8 古物諮詢委員會：《香港大坑蓮花宮西街蓮花宮文物價值評估報告》（二〇一四年六月四日第一六七次會議，委員會文件 AAB/35/2013-14 附件 A），網頁：https://www.aab.gov.hk/filemanager/aab/common/167meeting/AAB_33_2013-14-Annex-A-Chinese.pdf，擷取日期：2023 年 6 月 18 日。

尖頂的前殿建於一個拱式石砌平台之上，而設有人字型屋頂的正殿則坐落於一堆岩石之上，其中一塊巨石外露地面。蓮花宮正立面的中央設有拱形開口和欄杆，通往該廟宇的階梯設於前殿左右兩側，與其他正門設在正主面中央的傳統中式廟宇有所不同。

前殿的半八角形天花頂由多個磚拱承托。正殿兩側的木樓梯通往一個建於巨石上方的平台，平台上安放着供奉觀音像的神壇。正殿屋頂主脊中央配以石灣陶塑裝飾，兩端則飾以幾何形狀的灰塑。

蓮花宮，攝於 1869 年。（香港歷史博物館藏品）

蓮花宮，攝於 2017 年。

二、火龍開光儀式

每年大坑舞火龍的開光儀式，都是在農曆八月十四日晚上，在蓮花宮舉行。這個開光儀式，將人手紮作的火龍骨架（亦稱「草龍」），變成為驅除瘟疫的神聖火龍。如何為這二百多呎長的火龍開光呢？有趣的是，蓮花宮的建築結構是不設正門，正門的位置是一個設有欄杆的拱形開口。廟宇的入口則設於前殿左右兩側。這個建築格局好像是特別為火龍開光而設。火龍進行開光儀式時，龍頭從廟宇右方（廟宇神明的坐向而言）進入廟宇前殿，龍尾則從廟宇左方進入廟宇前殿。龍頭置於前殿中央位置，面對觀音神像，進行開光及簪花掛紅儀式。這樣，火龍的身體便環繞在廟宇的外面，有盤龍之勢。當進行開光儀式時，火龍的頭牌便置於廟宇的拱形開口位置，形成遮蔽開口的屏障。這樣，廟宇的前殿便與外面的環境分隔開來，達到「有效的儀式作用」。

坊眾流傳，舞火龍是為了驅瘟除疫，所以他們需要一條神聖的火龍，為大坑居民進行巡遊儀式活動。在蓮花宮舉行的開光儀式，目的是將人工紮作的工藝品，轉變成為神聖的火龍。

整個開光儀式由火龍總指揮主持，以客家話進行。儀式的第一步是灑淨，總指揮以柚子葉沾上清水，然後灑向龍頭、龍尾及現場的嘉賓及舞龍的健兒。跟着參與舞龍的健兒相繼在廟內上香。然後為火龍頭點睛，繼而為龍頭及龍珠簪花掛紅，每一個儀式伴有相對應的祝福賀詞。

完成了開光及簪花掛紅儀式後，健兒便舞着龍頭，從前殿的左方出口離去，這時，整條龍身便跟着龍頭，從右方進入前殿，然後從左方離去，整條龍身便在觀音神像的前面穿過前殿，完成整條龍身的潔淨及轉化儀式。

對於大坑人而言，蓮花宮是神聖的，觀音是地方的保護神，透過廟內的開光儀式，賦予火龍神聖力量，再透過火龍巡遊，惠澤整個大坑社區。

三、觀音誕

在香港民間流行的信俗中，一年有四個觀音誕，分別是農曆二月十九日、六月十九日、九月十九日、十一月十九日，有指分別是觀音降生、成道、飛昇及入海成水神之日。大坑居民主要集中在九月十九日的觀音誕慶祝。信士帶同祭品前往蓮花宮參拜，酬神祈福。

信眾也會組成觀音會，以集體的形式慶祝觀音誕。觀音會的成員會一同前往蓮花宮參拜，然後分享祭品，有些觀音會則會在晚上聚餐慶祝。

觀音會（岑麗芬口述）

在大坑，大部分人都會在九月十九日慶祝觀音誕。以前我也有參加觀音會，因為賀誕之後，可以得到燒肉，以及不同的物品。

以前大坑有很多大排檔，參加觀音會的主要是經營排檔的檔主。觀音會的會址在街市裏面，會裏供奉着一個觀音像，大家經過會址的時候，都會向觀音上香。

觀音會的會員要每天出資一元或五角。觀音會的負責人，每天站在觀音會門前，手裏拿着一個盒，收取款項。例如參加五份的，便要付五元。參加一份的，一年便付出三百多元，到觀音誕時，便可以獲分配很多東西。若果不要物品，也可以取回現金。

我們參加觀音會，也視作儲蓄。有些人會做多份。那時我們需要現金周轉的，還可以向觀音會的負責人借錢。當然，那是要付利息的。

觀音誕時，大家帶同觀音會的觀音神像，以及燒豬等祭品，前往蓮花宮參拜。我自己則會訂製一個等身高的紙紮觀音坐像前往參拜，拜祭完畢後，便把紙紮觀音像火化。觀音會的神像就搬回去會址內安奉。之後，我們便會把燒肉分派，每人大概可以得到一至兩斤燒肉。這些燒肉，特別香、特別美味。接着我們便會一起到酒家吃飯。

後來，由於沒有人願意接手負責觀音會，那就停辦了。

四、觀音開庫

近十多年來，每年的正月二十六日，大坑蓮花宮都會舉行「觀音開庫」的儀式活動。「觀音開庫」的儀式在二十五日晚上十一時開始，一直維持到翌日的晚上。信士可以透過儀式向觀音借錢，祈求好運。信士在廟內上香參拜後，便可到廟宇出口旁的紙紮「金庫」和「銀庫」中提取一封利是。利是封內藏有寫上銀碼的紅紙，代表該年向觀音借得的財富。之後，信士需要在翌年借庫之前「還庫」，購買「壽金」（金銀衣紙的一種），並寫上信士的名字及地址，然後送到化寶爐焚化，象徵送還年前借得的財富。

五、筲箕灣譚公誕

住在大坑山邊，從事種菜及養豬的居民，一直以來，都有參加每年農曆四月初八日的筲箕灣譚公誕。他們初期是以「菜園行」的名義參加，是筲箕灣譚公誕中數十個花炮會之一。菜園行的會址本在大坑山上虎豹別墅附近，曾搬到新村街 19 號。之後會員在浣紗街浣紗閣購置了一個單位，作為現在的會址。

早期的菜園行，可以說是一個花炮會。它在 1974 年改名為「大坑譚公體育會」，1977 年註冊成為「大坑譚公體育會有限公司」，1998 年再改名為「大坑譚公會有限公司」。在大坑人的口中，將其統稱之為「譚公會」。

筲箕灣譚公誕每年都會安排巡遊及上演神功戲，慶祝神明的生日。在四月初八日的一天，各參加的花炮會帶同花炮，齊集筲箕灣，沿東大街巡遊，最後到譚公廟前參拜，也便完成慶祝活動。

傳統上，一般的花炮是一座以竹枝及紙紮製成的大型裝飾物，中間放置一個木製小神像、一張神明圖像或一塊神明鏡屏。這些花炮在神誕時分配給信眾，獲得花炮的善信可以供奉該神像一年，到翌年神誕時，做一個新的花炮，把神像放回去，送還廟宇，再作分配。以前多以「搶花炮」的方式分配，也就是將代表花炮的小竹枝射到半空，奪得竹枝的人便可以獲得該花炮。由於搶花炮過程容易發生爭執，很多地方漸漸改以抽籤的形式分配花炮。[9]

譚公誕花炮（林荃添口述）

以前筲箕灣譚公誕的花炮，是以「射花炮」的方式分配。有一次譚公誕射花炮時，射到淺水碼頭村[10]的山邊。剛巧有一個大坑人經過，撿起了那個炮，那是一塊物件，外面

9 廖迪生：《香港廟宇》，下卷，香港：萬里機構，2022，頁 48－52。

10 昔日筲箕灣南安坊的主要村落，位於今南安里、筲箕灣道以南，愛民街、耀東邨一帶山坡。1870 年代，該村只有數家農民聚居，村口是一個海灘及一條小橋，以便漁民上落，因而得名。二十世紀初，居民大多是打石工人。*Sessional Papers 1901*, "Table XII. Chinese Population of the Villages of Hongkong," p.18; Fox Freeman, Wilbur Smith & Associates, *Hong Kong Mass Transport Study: Report Prepared for the Hong Kong Government*. Hong Kong: Government Printer, 1967, p.97;〈淺水碼頭村福利會會慶紀念新員就職〉，《華僑日報》，1971 年 4 月 12 日；J. W. Hayes, "Secular Non-Gentry Leadership of Temple and Shrine Organisations in Urban British Hong Kong," *Journal of the Hong Kong Branch of the Royal Asiatic Society*, Vol. 23 (1983), pp. 113-136; T. L. Yang, S. Mackey and E. Cumine, *Final Report of the Commission of Inquiry into the Rainstorm Disasters 1972: GEO Report No. 229*. Hong Kong: Geotechnical Engineering Office, Civil Engineering and Development Department, the Government of the Hong Kong Special Administrative Region, 2008, p.52, 149; Hong Kong Housing Authority and Housing Department, "Land Surveying: Witnessing Changes over Time, " 2012, https://www.housingauthority.gov.hk/en/about-us/publications-and-statistics/housing-d`imensions/article/20121012/index.html#3. Accessed on 26th April 2023.

以紙張包裹。雖然那人不知道那是什麼東西，卻將之帶回了大坑，並將經過告訴了「菜園行」的人。他們知道那是代表一個以酸枝木製成的花炮，於是他們便立即前往筲箕灣譚公廟領取。然而取回花炮後，便開始打仗（第二次世界大戰），這樣花炮便留了在大坑。

根據大坑的老街坊所言，譚公會一直都有參與筲箕灣譚公誕的巡遊活動。譚公會會在四月初七那天，於譚公巷裏搭棚供奉花炮神龕，供人們前來拜祭。然後翌日移師到筲箕灣參加巡遊。

以前在譚公誕前一個月，便開始修飾酸枝神壇，塗上保護漆，準備慶祝活動。由於該酸枝花炮體積龐大，浣紗閣會址在二樓，樓梯狹窄，不能沿樓梯搬運，於是要用繩索將酸枝花炮沿大廈外牆搬運。會眾曾經有一次把花炮弄散，並花了一千多元，聘請師傅把酸枝花炮修復。

有居民記得，在 1950 年代後期，菜園行曾經在新村街蓋搭戲棚，上演神功戲，慶祝譚公誕，據說其中一位演員是梁醒波。

昔日於譚公誕當天在早上五時，賀誕隊伍從大坑出發，沿電車路步行到筲箕灣。據說規模很大，參與的人擠滿一條街，大鑼大鼓，非常熱鬧。巡遊隊伍提着「菜園進香」的旗幟，也有羅傘和布帳，布帳上繪畫着很多不同的圖案。

但也有居民憶述，他們在 1960 年代，是在銅鑼灣避風塘乘船，前往筲箕灣賀誕。然而近年來，都是以貨車運載花炮神龕，其他參與居民則乘坐旅遊巴士前往筲箕灣。

大坑譚公會參加筲箕灣譚公誕（2014）

在浣紗街設置神壇，供街坊上香。

譚公神龕。

陸智夫國術總會龍獅隊助興。

鑼鼓隊帶領譚公會隊伍參與筲箕灣譚公誕巡遊。

譚公神龕。

譚公神龕及陸智夫國術總會龍獅隊。

一位早期的成員說，早期譚公會的大部分成員都是客家人，到譚公誕時，會員可以得到燒肉，大家可以吃上一份，是很開心的事情。成員也可以以「做會」的形式參加菜園炮會。因為從事種菜以及養豬的大坑居民，大都需要金錢周轉；當他們成為菜園炮會會員，便可以向炮會借錢周轉。等到小豬養大，賣掉之後，這些會員便可以有收入還錢給炮會。只是在這借錢周轉的過程有一個規矩，就是會員們到譚公誕時，便一定要還錢給炮會。

譚公誕巡遊完畢後，譚公會安排會員到酒樓聚餐，同時進行競投聖物，籌募經費。譚公會讓會員競投聖物及花炮神像，投得者可以把花炮神像拿回家供奉一年，並於次年把花炮神像拿回大坑譚公會，再行競投。

六、自發性的地方活動

大坑的居民在農曆四月到筲箕灣慶祝譚公誕，在農曆八月舞火龍，都是自發性的地方活動。從組織、籌募經費，到進行活動，都需要人力、物力及地方。而很多領導及參與者都會同時參與這兩個活動，又或共用資源。

大坑蓮花宮是火龍的開光地點，也是大坑觀音會慶祝觀音誕的地點。雖然譚公會參與的是在筲箕灣的活動，但他們的一些成員是舞火龍的活躍份子，而早期大坑坊眾福利會還未成立前，菜園炮會與火龍活動還會共用一些公共空間。

所以火龍的組織角色有兩個說法：一是菜園會是組織舞火龍的單

位；二是舞火龍是一個自發的獨立組織，只是部分成員與菜園會成員重疊，菜園會（和後來的譚公會）是慶祝筲箕灣譚公誕的組織。

立紀念
民國卅五年十二月十日

第四章

大坑坊眾福利會

二十世紀初，縱然英國政府已開始建設維多利亞城，但大坑仍沒有多少便民基礎設施。大坑村民的日常生活所需，還是要由他們自己解決，而首要解決者是村民子弟的教育需求，大坑村民遂興建「孔聖義學」。

大坑社區人口日增，加上面臨都市化的進程，要面對不同的挑戰。大坑的社會領袖透過組織「大坑坊眾福利會」，團結社區成員，解決大家的共同難題。

一、孔聖義學

1908 年，大坑村的刁振雲及朱沃鎏倡議在大坑興建義學，為村民子弟提供教育，他們獲得政府批地，在書館街興建學校。學校由劉鑄伯擔任會長的「孔聖會」運作，學校名為「孔聖義學」。1909 年的〈倡建大坑孔聖義學碑記〉上，刻有 191 個捐助者條目，顯示這個籌建學校活動，得到積極的支持，是大坑村歷史上一個重要的民間自發的社會活動。但是，在日軍攻佔香港時，孔聖義學受到嚴重的破壞，大坑村民失去了自己的學校。

日本人離開香港後，百廢待興，大坑村的村民為了保護自己，開始形成自己的保安組織，維護地方治安，防止偷竊、斬樹木等，監視進入大坑的陌生人。老街坊憶述，那時有群人常來大坑偷東西，後來村民與他們打起來，並把他們趕離大坑。從那時候開始，大坑村民便站在進入大坑的路口查問陌生人，維持大坑的治安。

大坑坊眾福利會成立紀念，前排右方第 6 人為李惠堂，攝於 1946 年 10 月 20 日。（照片由大坑坊眾福利會提供）

二、大坑坊眾福利會

1946 年，李惠堂等人提議組織「大坑坊眾福利會」。大坑坊眾福利會資深成員林荃添憶述，最初發起組織大坑坊眾福利會的有四個人，分別是李惠堂、劉潤光、一位姓蕭的，還有一位是張觀興的堂兄張仁海，他們都是互相認識的。後來李惠堂邀請了另外三人，總共七個人，一起登記成立福利會。張仁海是律師，他認為若果成立福利會的話，便要立刻註冊，以免被誤認為是黑社會。剛開始的時候，福利會只是一個小團體，華民政務司對成立福利會沒有反對，亦不敢反對。因為那時資訊混亂，有些人認為中國在抗戰勝利後會收回香港，結束英國殖民管治。所以在那個情況下，香港政府也不會太反對成立福利會。

福利會成立初期，沒有聘請職員，也沒有自己的會址。那時候理事會會議都是在明新公司進行，它是一間玻璃舖，位於銅鑼灣道。當時很多大坑人都不知道福利會的存在。由於福利會沒有固定財政來源，長久以來，出任理事的，都要合夥出資，給書記工資及維持會務運作。

大坑坊眾福利會，華民政務司批准立案，1946 **年** 11 **月**[1]

發起人：（1946 年 9 月 22 日）

胡文虎　陳蔚若　郭顯宏　陳廣南　劉福基　馮潤之

鄭樂桂　黃嵩奇　李惠堂　陳　楷　張榮盛　冼培安

阮文祖　張吉盛　翟大光　陳　昭　馮鈞甫　黃玉麟

郭桂芳　張鶴傳　陳友耀　李亦余　黃　福　黃　興

李鎮西　曹志雄　朱煌保　陳　其　李珠光　葉達成

陳　成　陳　才　朱榮基　陳偉平　黃奕平

商號：

明新公司　漢天　鄧浪記　公元堂　合和興　遠興祥

太昌　森記

第一屆職員

名譽會長：胡文虎

名譽會董：

陳蔚若　常石頑　馮潤之　劉福基　阮榮祖　陳友耀

馬超奇　陳　其　鄭榮桂　劉耀樞　黃量舒　蔣法賢

黃嵩奇　朱光珍女士

1　大坑坊眾福利會：《大坑坊眾福利會四十週年紀念特刊，1947－1986》，頁 6。

正會長：胡好

副會長：劉德譜　張吉盛

理事長：李惠堂

副理事長：常石頑

理事：張鶴儔　馮兆康　賈訥夫　梁鳳歧　李鎮西
張振南　張榮盛　黃耀宗　黃　福　朱煌保
劉耀邦　鄧浪英　冼培安　曹志雄　陳　楷
張仁海　陳偉平　李亦余　翟大光夫人
徐劍卿女士

監事：陳　昭　翟大光　馮鈞甫　劉伯偉　梁少亭
劉鍵鏘　陳成

總務主任：張榮盛

副總務主任：張仁海

公益主任：馮兆康

副公益主任：葉達成

財務主任：張鶴儔

婦女主任：翟大光夫人

副婦女主任：徐劍卿女士

大坑坊眾福利會，攝於 2024 年。

大坑坊眾福利會成立後，李惠堂擔任理事長，發起重新修繕孔聖義學，重建工作得到坊眾的積極支持和政府的批准，於 1949 年完成重建。〈大坑坊眾福利會重建孔聖義學碑記〉上，刻有 192 個捐助者條目。其中虎豹別墅的胡文虎贊助一萬元，而「大坑夜龍會」分別以 1946 年、1947 年及 1948 年的名義，捐出三筆款項，支持重建。而 1949 年大坑坊眾福利會的當選理事，亦繼續慷慨捐助，支持辦學工作，恢復大坑兒童的讀書機會。

在該年 11 月 20 日的重建開幕禮上，香港政府社會局局長麥道軻（John Crichton McDouall）致詞，肯定大坑坊眾福利會的工作。而繼後福利會在大坑的地方社會福利工作上，亦擔當着一個重要的角色。

大坑孔聖義學重建開幕禮，社會局長麥道軻致詞全文 [2]

主席及各位街坊，今日蒙貴會請本席參加這個大會，至為榮幸及感激。無論那一個居民協會的活動受了政府某部門所控制，或督導，對於居民必無甚麼價值，尤其是社會福利工作，沒有大多數的居民自己的願意，對大眾的永久性的福利，必難完成，要大家願意出自己一份的力量做「利人利己」的工作，最好是要居民大家互相勸導，但是如果有某部分的政府機關，想管制他們，或命令他們怎樣做，那末街坊自己就不會出力，亦不會自動的願意做去，可是這兒對領導並鼓勵居民怎樣去幫助他們自己，發生一個問題，關於社會福利事業，社會局要不要担〔擔〕任去做呢？

這兒有一更好的答案，那就是在香港很多區內已經發現

2 〈一切街坊福利組織，社會局幫忙〉，《華僑日報》，1949 年 11 月 21 日。

熱心公益的居民，他們自己出來口[3]導，事實上在香港過去，曾有，多這樣熱心的領導者出來替街坊謀幸福，也許有些街坊組織比大坑日子長久些，但他們所做的工作，未必比你們多，在你們的名譽會長，及全體理事努力領導之下，你們曾經做下光輝的成績，口公共衛生，體育，贈醫施藥，與教育，這不過舉其犖犖大者而已。

第二步驟，無疑是要使到更多的居民了解自己區內的實際福利工作，使他們有真正的興趣，這樣對於他們的坊眾，必能貢獻他們的力量，縱使他們沒有錢，本席非敢提議怎樣做，不過如貴會需要幫助的地方或需要技術上的指導，本席覺得這不但是我自己的責任，亦是所有社會局聯員的責任，但我們不是以官的地位來指導或幫忙，不過是以公僕的身份來服務。祝福貴會有更大的成就，同時再謝謝你們使本席有機會參加這個盛會。

孔聖義學重建後，便成為福利會舉行會議和集會的地方。在上午舉行重建開幕禮後，同日下午，福利會便在孔聖義學召開全體會員大會，選出第四屆職員。[4] 1951 年 12 月 26 日，馬山寮屋區發生火災，福利會便利用孔聖義學收容沒有親友投靠的災民，[5] 幫助他們暫渡難關。

大坑坊眾福利會不僅熱心大坑當地社區事務，還聯繫大坑社區，參與社區以外的社會事務。1947 年兩廣水災時，福利會便協助東華三院籌款，在大坑義賣餅乾，將全數善款捐贈災民。[6]

3　引文中未能辨別的文字以「口」表示。

4　〈大坑福利會，選出理監事〉，《華僑日報》，1949 年 11 月 21 日。

5　〈大坑馬山火災難民〉，《華僑日報》，1951 年 11 月 28 日。

6　〈大坑坊眾義賣餅乾〉，《華僑日報》，1947 年 7 月 10 日。

李惠堂，(孔聖義學)《重建題記》，立於 1949 年。[7]

7　1949 年，大坑坊眾福利會理事長李惠堂於孔聖義學外牆立碑，紀念學校重新落成啟用。

三、組織社區

在福利會成立之後，開始逐漸將大坑社區有系統地組織起來。在1953年大坑坊眾福利會的招收會員通告中，可以看見組織的形成方式，將大坑分成十五區，徵求代表，目的是大坑每一條街都有代表參加，協助會務工作。

大坑分為如下十五個區域：[8]

1. 銅鑼灣B組（由灣景樓至明新公司），
2. 銅鑼灣C組（由明新公司至天后廟道），
3. 書館街第一巷，
4. 京街第二巷，
5. 施弼街第三巷，
6. 重士街、十全台、華倫街，
7. 浣沙街龍溪台，
8. 蓮花宮東街、蓮花宮西街，
9. 新村街光明台，
10. 大坑山、馬山，
11. 大坑道、益羣道、宏豐台，
12. 福羣道、利羣道，
13. 摩頓台、舒潦濤街、高士威道、銅鑼灣道A，
14. 大坑坊眾福利會辦事處，
15. 大坑道山。

8 〈大坑街坊會，今日出發徵求〉，《華僑日報》，1953年3月22日。

四、福利會會址

銅鑼灣道 121 號福利會現址，原來是「愛司體育會」(Ace Sports Club）的地方，該體育會於 1951 年成立，宗旨是推動西洋拳賽。[9] 林荃添憶述，該體育會成立數年之後，負責該體育會的是一位外國人，他因為要離開香港，而要出讓會址。福利會的張仁海知道後，便找他商談，希望可以得到該地方作為福利會的會址。他馬上答應，並願意以一元的價錢賣給福利會，但條件是該地方只可以用來做福利會，不可以作其他用途，即使建築樓宇，也只可作福利會之用。

林荃添指出，愛司體育會留下來的，只是一間木屋，面積不是很大，裏面放置了一張乒乓球桌。容國團曾在這裏練習乒乓球，後來他成為乒乓球單打賽的世界冠軍。[10]

陳德輝也指出，當時的福利會設有茶水檔，是坊眾喝茶聚會的地方。年青時，他也曾幫忙派遞茶水的工作。到了晚上，更常常有約二十名年青男士在福利會渡宿。

福利會木屋的前面有一片空地，後來經林荃添改建成為籃球場。及至 1971 年，政府正式將該地段批予福利會作為會址，福利會亦於 1975 年重建，而成今天的建築。

9 〈愛司體育會，擬辦拳擊賽〉，《工商晚報》，1951 年 4 月 18 日；〈愛司會西拳賽〉，《華僑日報》，1951 年 9 月 1 日。

10 張五常：〈憶容國團雄軍盡墨話當年〉，《書域》，2000 年第 7 期，頁 4。

早期大坑坊眾福利會的木結構建築外貌。(陳德輝先生提供)

五、賑災工作

在二次大戰之後，香港人口不斷增加，而大坑山邊的寮屋區也不斷擴展，形成浣紗街後山、蓮花宮山及馬山等寮屋區。然而這些木搭的寮屋，容易發生火警及受大雨山泥傾瀉影響。在 1955 年、1956 年、1960 年 1 月及 1960 年 12 月，大坑的寮屋區都曾發生大火，災民人數分別是 489、770、466 及 900 人。[11] 1968 年 6 月的雨災，引致山泥傾瀉，造成新村街的一間山邊木屋倒塌，一家 7 口中，6 人被埋死亡。[12]

大坑坊眾福利會在賑災過程中，扮演着重要角色。以 1955 年及 1956 年福利會救災為例，火災發生後，福利會便馬上在該會的籃球場上蓋搭臨時棚廠，收容無家可歸的災民。災民以蔴包作為被褥，在福利會內洗澡。社會局則會為災民準備飯餐。[13] 另一方

11 〈大坑街坊福利會急賑馬山災民〉，《華僑日報》，1955 年 12 月 12 日；〈燬屋八十災民七百〉，《華僑日報》，1956 年 8 月 3 日；〈港九兩木屋區昨晨大火〉，《華僑日報》，1960 年 1 月 16 日；〈蓮花宮百五木屋焚燬〉，《工商晚報》，1960 年 12 月 16 日。

12 〈雨災中大慘事，七口之家六口死於活埋〉，《工商晚報》，1968 年 6 月 14 日。

13 一位居民説：「我們以前受大雨水浸影響，沒東西吃，也吃過政府救濟的食物，我最記得的就是南乳冬瓜，那是社會福利署派送的飯餐。」

面，在福利會會員的幫助下，即時發起籌款，收集衣物，分發予災民，幫助坊眾渡過難關。

大坑街坊會搭棚收容災民 [14]

大坑木屋區昨大火，災民七百餘人，大坑街坊會已在該會之場上架搭竹棚收容，棚廠成曲尺形，上蓋帆布，長達七十餘尺，全部可容老幼與婦孺達四百人。大坑廣場之四週亦不少災民席地露宿，但秩序甚為良好。圖為街坊福利會架棚收容災民。（本報記者百攝）

福利會也會利用銅鑼灣道會址，為社會福利活動籌款。其中一個方式是在會址的籃球場搭建戲棚，放映電影及上演粵劇，為大坑街坊提供消閒娛樂之餘，盈餘便用於支持福利會的活動。

14 〈大坑街坊會搭棚收容災民〉，《工商晚報》，1956 年 8 月 3 日。照片蒙何鴻毅家族香港基金授權刊登。

大坑福利會定期演劇籌福利費[15]

大坑坊眾福利會為籌募福利經費，已於去年底口准在該會前廣場蓋搭戲棚，放影電影，分日夜兩場，座券收四毫、七毫二種，口口成績甚可觀。新春期間，該會理事擬於農曆元月十五夜起，改演粵劇，以娛坊眾。

該會現已聘定「慶新春粵劇團」獻演，演員計有區家聲、紅霞女、新次伯、新醒波、艷桃紅、李錦帆、黎家寶、石燕聲、尤翠珍、林錦棠、陳靜雯、鍾振聲、林玉棠等，另請田舍郎、張國鵬二君客串，四歲神童小彩紅推車，先演六國大封相，續演笙歌齊頌太平年，中西音樂拍和，一連公演五天。

六、轉型為不牟利有限公司

1946 年成為社團組織之後，福利會便着手重建孔聖義學，並進行了多場救災工作。另一方面也獲得了銅鑼灣道 121 號的會址，相信當時還未獲得政府正式批地。但福利會馬不停蹄，同時為大坑的坊眾子弟籌建一所新學校（也就是後來建成的李陞學校）。在這情況下，福利會的領導認為需要配合香港的會計制度，將福利會轉型成為一間有限公司。在 1957 年，由李惠堂、袁少鎏、張榮盛、甄子傑、蔡應祥、張經泰、戴康、張仁海等八名成員申請，將福利會轉為一間「不牟利有限公司」，更獲批准毋須於名

15 〈大坑福利會定期演劇籌福利費〉，《工商日報》，1963 年 2 月 6 日。

稱加上「有限」二字，這樣，大坑坊眾福利會便成為香港第一間街坊有限公司的先例。第一屆的註冊董事有 34 人。[16]

大坑坊眾福利會有限公司之註冊董事，1957 **年** 11 **月** 6 **日：**

袁少鎏	張榮盛	甄子傑	蔡應祥	黃翼雲	張經泰
謝永耀	戴　康	張經康	梁潤江	冼國斌	陳芳浦
羅盈緒	葉達成	陳樹芬	馮坤美	蔡慧貞	黃紀倫
袁　毅	張仁海	蕭　發	李亦余	陳志榮	陳家泰
朱榮基	江潤勳	鐵紹裘	黃紀廉	任大任	伍啓肩
張觀興	張炳銘	顧新林	林華添		

在申請成立的過程中，福利會在報章中刊登廣告，[17] 闡明成立有限公司的三個主要理由：

(i) 買受及接收香港銅鑼灣道未註冊之大坑坊眾福利會一切資產及債務；

(ii) 組織維持及辦理為銅鑼灣大坑居民福利而設之組織；

(iii) 在香港舉辦一所或多所學校，其主旨是讓學生獲得健全之普通教育，並舉辦演講會、展覽會、集會、講習班及座談會等，直接或間接促進普通職業或技術之教育。

16 P. H. Sin & Co. Solicitors, *Memorandum and Articles of Association of Tai Hang Residents' Welfare Association（大坑坊眾福利會）, Incorporated the 6th day of November, 1957*. Hong Kong: Gibson Printing Press, 1957.

17 〈通告〉，《華僑日報》，1957 年 9 月 17 日。

七、李陞大坑學校

福利會於 1956 年倡議興建小學，獲得政府支持，撥出浣紗街南端地段予以興建學校，並補助建築費用。福利會籌得四十多萬元，其中李寶椿捐助十萬元，學校亦以其父親李陞命名，以資紀念。不到兩年的時間，學校便建成，於 1958 年 9 月開學，第一學年共開上下午校二十四班，有學生一千多人。[18]

李陞大坑學校，攝於 2023 年。

18 〈李陞大坑學校開幕禮教育司高詩雅夫人啟鑰〉，《華僑日報》，1959 年 3 月 27 日；〈李陞大坑學校週年校務報告〉，《華僑日報》，1959 年 10 月 25 日。

福利會原來的建築物是木樓，設備不佳。陳德輝憶述，在現時福利會大樓建成之前，例如理事會或火龍會開會，都會在李陞學校舉行，如果福利會需要活動地方，也會考慮向學校借用。之前，很多福利會的物資也存放在李陞學校。1962 年，全香港島的街坊福利會主辦的運動大會，兩天的比賽在南華會進行。[19] 比賽完畢後，以到會形式，在李陞學校設宴十多席，慰勞運動員。總的來說，福利會利用李陞學校的空間，推行服務坊眾的工作。

八、興建會所大樓

從愛司會接手過來的建築物是木樓。1960 年，福利會成立小組，[20] 策劃興建新會所，並由馮駿則師設計大樓，惟之後並無寸進。至 1971 年獲政府正式批地，福利會需要按照批地的要求，按時建築上蓋。1972 年再成立募捐小組，[21] 籌建新會所，並由簡日淦建築師設計大樓。但據陳德輝憶述，因為缺乏資金，事情只是停留在討論階段。及至 1976 年，為了滿足新地契的要求，要馬上興建上蓋建築物。

19 〈街坊兒童運動會〉，《工商日報》，1962 年 6 月 10 日。

20 大坑坊眾福利會：《大坑坊眾福利會四十週年紀念特刊，1947－1986》，頁 23。

21 同前註，頁 24。

1976 年 5 月 1 日，籌建委員會發出啟事：

……所需款項仍未籌足，而地段契約期限屆滿，迫於情勢，特商請簡日淦則師暫將原定圖則縮改，並已呈准工務局於三月十日先行動工興建部分面積，如此雖有「削足適履」之嫌，猶屬權宜之策，藉以應付該契約規定最低要求之條件，其餘部分樓面仍待繼續募集款項，隨後加建……[22]

在這個緊急情況下，林荃添指出，當時的理事長甄子傑捐助了三十萬元，他太太再借出三十萬元，共六十萬元，解決了即時的建築費問題，大樓命名為「甄子傑夫人紀念堂」以資紀念。[23] 然而整個大樓的建築費用遠超六十萬元，還是需要靠理事和街坊捐助支持。[24] 大樓最後在 1978 年冬天建成。

九、維繫社區

大坑本來是一條客家人的小鄉村，但在一些地方領袖和精英的帶領下，組織居民，成立大坑坊眾福利會，解決社區的共同問題。參加福利會的主要是普通老百姓，但在有限的資源下，仍然持續七十多年，一直發揮着凝聚社區的作用。大坑與其他社區不同之

22 同前註，頁 25。

23 同前註，頁 26。

24 同前註，頁 13；大坑坊眾福利會大堂之《大坑坊眾福利會興建會所紀畧》（碑記），記錄了大樓於 1978 年冬落成，以及四十多名捐助者的名字和捐款數額。

處，是每年中秋節三天晚上的舞火龍活動，這個動員數百人、為社區祈求平安的周年活動，為社區提供認同感和持續感，成為維繫社區的重要助力。

請參加表演全體舞龍人員合

第五章

百多年的變化

「公元 1880 年，一場颱風吹襲大坑。之後，村內忽然出現一條大蟒蛇。大坑村民一起將此蟒蛇擊斃。時值夜深，大坑村民將擊斃的蟒蛇綑綁，放進一個籮內，然後送到銅鑼灣警署門外。但到了翌日早上，蛇屍卻不翼而飛。而不久大坑出現疫症，不少青少年喪生。大坑村民十分恐懼。慶幸一位長輩於夢中得菩薩指點，並告知大坑村民，要紮作一條火龍，巡遊驅除瘟疫。當時正是八月，所以舞火龍也就在中秋舉行。」

這是流行的大坑舞火龍的起源故事，在表演舞火龍的浣紗街現場，大坑坊眾福利會安排錄音廣播這個典故。大坑舞火龍傳承人陳德輝先生，於大坑舞火龍申報國家級非物質文化遺產時，亦分享同一個起源故事。[1] 大坑舞火龍的典故，歷經百多年來村民口耳相傳，成為現在的標準模板。[2] 這個故事強調舞火龍始於 1880 年，是一項民間宗教活動，目的是驅除瘟疫。

一、舞火龍的意義

舞火龍的原來目的是驅除瘟疫，雖然不是每年都會有瘟疫發生，但村民相信舞火龍可以把「不潔淨」的東西趕走。在民間宗教的信念裏，人們相信沒有人拜祭的孤魂野鬼會為人類社會製造麻

1 另參看大坑坊眾福利會：《大坑坊眾福利會六十週年紀念特刊，1947－2006》。香港：大坑坊眾福利會，2006，頁 60。

2 廖迪生：〈「傳統」與「遺產」：香港「非物質文化遺產」意義的創造〉，頁 257－282。

煩，瘟疫也是由祂們造成。[3] 所以舞火龍的原理，是紮作火龍骨架，把它帶到蓮花宮開光，透過地方保護神觀音菩薩的力量，變成神聖的火龍。然後將香枝插在火龍骨架上，巡遊社區，驅除不潔淨的超自然因素。

由於這是一個潔淨社區的儀式，火龍便要經過大坑的所有街道，包含所有社區成員的居所。火龍身上的香枝，可以視為儀式的祭品。當火龍經過神聖的、重要的或需要潔淨的地方時，如蓮花宮、番衣氹舊址、李陞大坑學校、大坑坊眾福利會等，都會進行「朝拜」。方式是火龍的龍頭朝着對象，然後向左右兩方擺動三次，以表示尊敬，並將地方潔淨。

有些商戶認為火龍會為他們帶來運氣，便在店前置一生菜和利是，讓火龍經過時進行採青儀式。火龍採青之時，會作出「朝拜」的動作，表示感謝。

在三天晚上，火龍都進行巡遊活動，但在最後一晚，活動完結前，火龍會以逆時針方向，圍繞大坑社區走一個圈，稱為「行大運」，這個儀式特別之處是與巡遊時的方向相反，是有收集「不潔物」的意思。火龍最後被運到海邊，舉行「送龍入海」儀式，整條火龍被扔入海中，這寓意火龍連同所吸收的「不潔物」都被送走，社區有一個新的開始。所有舞龍健兒都會馬上離開現場，並且互相祝願。

3　在香港，很多地方社會聘請儀式專家舉行周期性的「太平清醮」，驅除為人類社會製造麻煩的孤魂野鬼。參看廖迪生：《香港廟宇》，下卷，頁 52－59。

二、早期的舞火龍

大坑舞火龍有長久的歷史，根據報章上的記錄，最早的是一則 1910 年的報道。該報道指出大坑村民在 1909 年舞草龍時，與銅鑼灣堅尼地馬房之馬夫發生衝突，故政府禁止大坑村民於該年舞草龍。1910 年 9 月警察發現村民在紮龍頭，於是將一名村民拘捕，送上法庭，罪名是未得撫華道批准而進行舞火龍，因而被罰 25 元。

這則新聞帶出一些訊息，就是 1909 年大坑已經有舞火龍活動，而舞火龍的地點，並不局限在大坑村的範圍。

舞龍何益 [4]

本港每逢〔中〕秋節，多有閒散之人，以草結龍為戲。昨歲大坑鄉人因舞草龍一事，與銅鑼灣堅尼地馬房之馬夫滋事，互相毆打。故本年禁止。該處之人，不得再舞草龍，以免再生事端。不料十五日，竟有人團叙一處，欲再結草龍，僅結成其首，即被警差干涉，拘去一人。昨控之於案，謂彼未先得撫華道之許可，擅自僭份作巡遊等事，官判罰錢廿五元。

1936 年 10 月 1 日，《每日雜報》（*Hong Kong Daily Press*）報道，指大坑在 9 月 30 日，農曆八月十五中秋節晚上舞火龍，而在隨

4 〈舞龍何益〉，《華字日報》，1910 年 9 月 20 日。

後的三個晚上，由晚上 7 時至 10 時，會繼續有舞火龍活動。這樣，舞火龍活動便是在中秋節開始，連續四個晚上。這個安排與一貫在中秋節前後三晚舞火龍的安排不一樣，究竟是當時的實際情況，還是錯誤報道？現在沒有辦法證明。但這個報道卻帶出有意義的資料，就是說四十年前（1896 年），舞火龍讓大坑村民避過鼠疫，這個四十年歷史的記憶，也與 1910 年的報章報道吻合，大坑舞火龍活動，起碼在十九世紀末已經出現。而報章預告三個晚上的活動時間，顯示舞火龍已經成為一項周年觀賞活動。

Fire-Dragon Procession[5]

At Tai Hang last night, the villagers celebrated the (Mid-Autumn) festival by a long fire-dragon procession, which attracted a large number of people. The procession will be repeated for the next three nights, commencing from 7 p.m. to 10 p.m. each night.

It is said that when the first fire-dragon procession took place, Tai Hang Village was the only lucky place free from plague, which raged throughout the Colony at the time, and so the procession has continued every year for the past forty years.

5 "Fire-Dragon Procession," *Hong Kong Daily Press*, October 1, 1936.

三、大坑夜龍會

舞火龍是大坑的一項周年節慶活動，但這個活動與很多地方節慶的安排很不一樣。很多地方的節慶活動是聘請專業人員擔任，例如為了上演神功戲或木偶戲慶祝神明的生日，地方社會便要聘請搭棚師傅蓋搭臨時戲棚，然後聘請戲班或木偶劇團上演。節慶期間，要進行民間宗教儀式，則可聘請儀式專家處理。

但大坑的舞火龍，則需要事前準備材料，紮作火龍骨架。而紮作火龍，需要掌握紮作技藝的村民，還需要廣闊的工作空間配合。紮作完成後，也要找數百名健兒參與三個晚上的活動。所以舞火龍需要有人手、紮作火龍骨架的材料和工作空間，以及社區環境的配合，好讓巡遊進行。

早期大坑舞火龍是如何組成的呢？大坑孔聖義學 1949 年的重修碑文，[6] 顯示了其中的端倪。該碑文列出了捐資重修義學的善長芳名，其中「大坑夜龍會」按 1946 年、1947 年及 1948 年，捐出三筆款項，支持義學重建。從居民的口述歷史得知，每年舞火龍都是要向坊眾籌集經費支持，所以這三年的捐款，極有可能是每年舞火龍活動剩下的捐款。這顯示大坑夜龍會每年籌款舉辦活動，財政是獨立的，而且極可能是一個自發的民間組織。

大坑孔聖義學的重修，是當時新成立的「大坑坊眾福利會」的一項重要貢獻，所以「大坑夜龍會」的捐助，顯示在 1940 年代，

6 孔聖義學：《大坑坊眾福利會重建孔聖義學碑記》（1949）。

舞火龍還不是大坑坊眾福利會所主辦的活動。

四、鬆散的組織

在 1950 及 1960 年代，舞火龍的組織還是比較鬆散的。由於龍頭及龍尾的舞動需要合作及特別的技巧，便形成了各自的群體。林荃添憶述，舞龍頭是由一群客家人負責，龍尾則是由大坑踢足球的那一群人負責。

普通年青村民因體力不夠，是沒有能力舞龍頭及龍尾的。他們要參加舞火龍的話，只可爭取機會參加舞龍身（亦稱「龍心」），方法是盡早控制着一根舞龍的竹竿。

大約在下午五時，舞龍的鑼鼓響起，很多想參加舞龍的年青人，便會飯也不吃，馬上跑到放置火龍的地方，站在火龍竹竿把手的旁邊，表示他們佔有該竹竿的舞動權利，稱為「霸竹」，每一根竹竿把手需要三個人來舞動。他們要站在原地，等候參與舞火龍。那時花燈及火龍竹竿把手的位置還沒有預先安排。因為鑼鼓響後，小孩子都跑去霸竹，不吃飯。後經家長投訴，改在晚上八時才打響鑼鼓。參加舞火龍的年青人大都不在家吃飯，在舞火龍的晚上，要吃東西的話，可以跑到任何家，隨便吃一點。早期的舞火龍活動，資源並不充裕，大家會搶奪舞龍衣服、汽水飲品，沒有秩序。後來改了以派券形式換領物資，秩序也有所改善。其後舞龍活動獲得贊助，資源變得比較充裕，秩序安排變得有系統。

五、香枝和爆竹

除了要紮作火龍骨架之外，還要準備香枝及頭牌、紗燈等紙紮品。以前大坑有天然和泰昌兩間紙紮舖，分別在銅鑼灣道 56 號和 58 號。這兩間紙紮舖每年為舞火龍提供物料，它們之間有一個輪替的分工安排。若果天然負責做紙紮的話，泰昌則會負責提供香枝。

火龍需要很多香枝，而且需要將香枝的底部斜切成尖頭，方便插進珍珠草所造的插墊裏，便有「斬香腳」的安排。由於人手處理的關係，插在龍身上的香，有長短不一的情況出現。現在只要提前一個月訂香，而香枝的底部都會磨尖，不用回來再加工。

以前的村民相信硫磺可以驅除瘟疫，所以香枝都要浸硫磺水，因而舞火龍經過的地方都有硫磺，整條街都有硫磺的味道。

舞火龍時，很多坊眾都會燃放爆竹，而紙紮舖亦是售賣爆竹的地方。那時販賣爆竹需要領有政府發給的爆竹牌照，要按規定處理爆竹的存放。

六、習俗傳統

舞龍連續舞三晚，八月十四那一晚是迎龍，到蓮花宮開光，蓮花宮供奉的觀音是大坑的保護神。八月十六晚送龍到海裏，儀式活動完結。八月十五晚上賞月，街坊在街道兩旁擺滿水果、月餅等。人們都會在自家門前拜神，迎接火龍。有些有兒女出生的家庭，更會派紅雞蛋。

參加舞火龍「巡街」的，大部分都是十來歲的年青人，戎人不多。他們三個人或四個人擔着一枝竹，隨着火龍遊走。舞龍期間，健兒也可以從街坊的家裏取食物充飢。

有些街坊們在家門前「放青」，內附紅包，請火龍前來採青。「放青」屬自願性質，火龍隊伍也可以得到數元利是。火龍採青時，要進行朝拜，但朝拜時，不得將龍頭向前上下移動，因為那個動作就像以鋤頭「鋤」地，好像是以龍頭去「鋤」人家的意思。火龍的朝拜方式是龍頭橫向，左右移動，以示尊敬。如果家裏有白事，沒有規定說不可以舞龍，但大家都會迴避。太太有了身孕的男士，還是可以舞龍的。更有些懷孕的婦女還會「鑽龍」，往龍身下面走過去，據說可以添男丁。

舞龍完畢之後，街坊便會把火龍身上的香枝拿回家，插在祖先神位，那枝香是代表火龍，希望祖先保佑和帶來好運。

以前村民還會搶龍鬚，龍鬚是用榕樹的氣根造成。村民相信龍鬚會帶來好運，其方法是將龍鬚彎曲成圓環的形態，然後用紅頭繩在外面包圍起來，造成一隻手鐲，讓小孩戴上，據說可以定驚。

陳德輝聽長輩說過，以前每十年便請喃嘸師父進行一次祭龍儀式，但他沒有見過這個儀式。

在舞火龍期間，大坑坊眾福利會向捐助舞火龍的居民派發「龍餅」，攝於 2010 年。

居民相信由榕樹氣根造成的「龍鬚」有辟邪的作用，居民將龍鬚織成圓環，再以布條包紮，製成手鈪飾物，攝於 2022 年。

七、樓梯的挑戰

龍頭的重量達數十斤，舞龍頭對體力的要求很高。負責龍心的，不只是拿着竹竿，步伐也要很快，走慢一點也不行。最難應付的是上樓梯。第一段是在安庶庇街起龍的位置，第二段是登上光明臺。光明臺是一座在半山的屋苑，進入屋苑需要走一條約五十級的樓梯。

在安庶庇街起龍之後，火龍要衝去數級樓梯，然後走過一小段浣紗街，之後再上光明臺的樓梯，要衝上去。由於光明臺的樓梯比較狹窄，兩棵龍珠會有碰撞，所以只由一顆龍珠上去，另一顆龍珠則在浣紗街等候。

然而在走光上明臺的樓梯時，街坊會不斷地把爆竹擲向樓梯上的火龍。有些舞龍心的健兒要迴避猛烈的爆竹，被迫放掉手上的竹竿。龍頭抵達光明臺後，便要沿路回來，因而形成了兩行龍身一起擠在樓梯上的情況，舞火龍的健兒逃避不了爆竹的攻擊。

陳德輝憶述，在他開始領導舞火龍的時候，很多健兒都不願意前往光明臺，但他作為指揮，還是要帶領火龍前往，到了光明臺之後，佛教居士林的一位女士便會送他們兩盒齋餅及一封五十元的利是。他接過之後，就會讓人把齋餅及利是拿回福利會。

1990 年代，地產商將光明臺拆卸重建，火龍便不再前往光明臺了。

葉老伯紮龍頭 [7]

根據一位年已接近八十的葉老伯表示：這一條龍他自孩提時代已經看見，並且參加舞龍，與及紮龍頭，現在所舞的龍頭仍然是由他紮的。

由於他一直看着這一條草龍每年的舞動，所以他告訴了記者一些有關這條草龍的滄桑史。

這一條辟疫驅邪的草龍，早年的舞動範圍遍及銅鑼灣區域，後來因事而將舞動範圍縮減，僅限於大坑區域，及燈籠洲附近；但是最近幾年一縮再縮，僅准許在大坑內部的區域舞龍了，連銅鑼灣道也不准龍跡到達。

從前該區域所取得的燒炮竹人情，是可以在區內任何地方施放的，現在則只准許在福利會燒放；不過區內街坊燒炮竹多不依此例，亦幸未被警方干涉。

八、燃放爆竹

在 1970 年代之前，在舞火龍的時候，大坑的街坊都會燃放爆竹相迎。居民認為爆竹中的硫磺，有驅除病毒的能力，[8] 與舞火龍驅瘟疫的目的相符，於是大家都很投入燃放爆竹。從外面來的觀眾會購買爆竹，在龍溪臺燃放。那時龍溪臺還未重建成現在的龍濤

7 〈帶來安寧幸運的大坑草龍的來歷〉，《華僑日報》，1962 年 9 月 14 日。

8 有些人認為爆竹裏面有硫磺，他們會將小包裝的爆竹放在木器或衣櫃裏，達到防蟲的效果。

苑，很多人就在那裏一串串的燃放爆竹。也有些人會放煙花，慶祝大坑夜龍。

大坑的街坊會在不同的地方將爆竹擲向火龍，居民也會在樓上放下長長的爆竹。在大坑的幾個特別位置，長長的爆竹是由天台垂到地面的，這些爆竹因為爆炸而不停跳動，且會纏着舞龍健兒的身體。舞龍珠的健兒因為雙手都握着龍珠把手，沒有遮擋，更容易受到爆竹的纏繞。當舞龍健兒進行打「龍餅」時，或固定在一個地方的時候，燃燒的爆竹便好像雨水一樣掉下來，舞龍健兒難以逃避。

那時舞火龍隊伍中有一個角色，負責拿着一把大葵扇，為舞龍健兒「撥扇」。當龍頭或龍珠停着不動時，為免四周燃放爆竹形成的煙霧對他們做成影響，負責撥扇的便把煙撥開，好讓舞龍健兒不受煙燻。他們一邊跟着健兒，一邊去撥扇，把煙撥走。爆竹則是撥不去的，當人們把爆竹擲過來時，他們只能用腳把它踢走。

那把葵扇經過處理，將葵扇的包邊拆開，形成鋸齒形的邊緣，當龍頭、龍身着火時，撥扇的便利用葵扇，把香枝掃開分散，令其不再集中燃燒。

1967 年暴動時期，因為爆竹含有火藥，政府就不准燃放爆竹。之後，爆竹便再不是舞火龍的活動元素了。

背心龍衫（陳德輝口述）

1950 年代之前，大會都沒有安排健兒穿着「龍衫」——制服。大家都是赤着上身，汗流浹背。1960 年代開始以「圓領文化恤衫」作為龍衫。但是有一年為了節約開支，以比較便宜的背心製作龍衫。但這件背心制服卻為火龍健兒製造了大麻煩，當他們舞動火龍時，要高舉雙手，燃燒着的爆竹便從他們的腋窩走進背心裏面。

現在舞火龍時，還會掛出「請勿燃放爆竹」的橫幅，攝於 2009 年。

九、舞細龍

在 1960 年代以前，中秋節的三天晚上，除了「舞大龍」之外，還有小朋友的「舞細龍」。村民流行的一句説話是：「大龍生細龍。」意思是有了大龍，很自然的便會有小龍。大龍的外型大，有重量，小孩子不能應付，但他們也希望參加，於是便有了小龍的出現。

陳德輝憶述，老圍曾經有兩條小龍，都是村民為他們的小朋友準備的。一條小龍就在老圍裏面的居仁里，另一條在新村街。新村街的那一條小龍是由黃福紮作。那時，黃福曾經是總教練，也是紮火龍的師傅。

小龍比較簡單。龍身是一條比較粗的麻繩，長度大概是大龍的四分之一，上面疏落地插一些燃點的香枝，由十多個八至十多歲的小朋友舞動；龍珠是用芋頭造的。他們舞着小龍四處走。

也有些村民資助小朋友購買材料紮作火龍，贈送香枝，又或煮粥給小朋友，作為他們舞龍後的宵夜。

參加舞小龍的小孩子都會在家裏拿一些香枝，通常家長們都不太理會。那時每家都有好幾個小孩，所以舞小火龍的小孩也不少，而且都是十分齊心的。

資深紮火龍師傅黃祖鋭説他小時候和幾位小朋友一起紮小火龍，他便是第一個紮作龍頭的小朋友。他們得到陳觀泰同意，在他的地方斬竹，用來紮作小火龍。

陳德輝說，後來馬山和蓮花宮山，以至遠至柴灣也曾經有小龍。但警察以「阻塞交通」為理由，禁止舞小龍，一看見小龍，就會追趕。大概 1960 年、1961 年之後便沒有舞小龍了。

十、舞火龍表演

舞火龍起源於民間宗教的驅疫儀式活動，在漆黑的晚上，將燃點的香枝插在草龍身上，然後巡遊社區，是一項非常有觀賞價值的活動。相信組織舞火龍的村民也深明此理。這樣，舞火龍表演便成為大坑火龍的一大特色。

1937 年，盧溝橋事變，抗日戰爭全面爆發；遠在香港的大坑坊眾，組織大坑籌賑會，以舞火龍形式演出，沿門勸捐，為抗戰進行籌款，將所得善款全數捐出，支持抗日。

大坑村坊眾、舞龍籌款 [9]

本港銅鑼灣大坑村坊眾、現以國難嚴重、亦發起籌賑、日前已舉行火龍表演籌款、但各坊眾為增加賑款起見、經於日昨成立大坑籌賑會、同時蒙華民政務司許可、由今日起至明日止、再在該村舉行火龍表演、沿門勸捐、冀多收賑款、助賑災黎、該村此舉、可謂籌賑中之別開生面也、又聞該村青年楊華生、將其在本港得獲第二屆全港公開長途賽跑冠軍之銀鼎一座、捐出在該村拍賣、得款悉數交該會助賑。

9 〈婦女兵災籌賑會〉，《工商日報》，1937 年 10 月 9 日。

在香港的重要慶典時刻，大坑的火龍都有參與其中，表演助慶。1953 年英女皇伊利沙伯二世加冕，大坑社區在書館街與布朗街交界處蓋搭牌樓，高 44 尺，闊 30 尺，並於 6 月 2 日及 3 日兩晚舞火龍助慶。報章報道大坑的火龍會由 320 人舞動，在提燈領導之下，巡遊大坑區內街道。同一段報章指出，1935 年英皇佐治五世登基銀禧紀念，大坑火龍也曾在掃桿埔表演。[10]

1961 年 12 月 10 日，大坑坊眾福利會應市政事務署邀請，在政府大球場表演舞火龍，當時入場觀看大坑舞火龍表演的觀眾超過兩萬多人。大坑坊眾福利會保存了那次活動的團體照，而 1961 年 12 月 11 日的《華僑日報》刊登了所有參與成員的職位與名字，這些都是理解大坑舞火龍組織的珍貴材料。

1960 年代初期的浣紗街渠務工程，將浣紗街的水坑變成「暗渠」，[11] 除解決了豪雨引致的水患之外，還將浣紗街變成為一條寬闊的街道，為火龍表演提供更多空間。每晚火龍巡遊街道完畢之後，可以在浣紗街為火龍換香，進行表演。這個浣紗街的表演，是經過特別安排與設計的。現場表演的是火龍在天空中飛舞翻騰的情況。小朋友手執蓮花燈、星星和雲形燈籠，加上兩個頭牌和一個橫幅，襯托着火龍的飛躍翻騰動作。再而將各燈籠作不同形式的組合，讓火龍演出不同的陣式。

陳德輝指出，雖然舞火龍是三個晚上的活動，但本來八月十四日

10 〈慶祝加冕巡遊，大坑舞火龍〉，《工商日報》，1953 年 4 月 1 日。
11 〈大坑浣紗街明渠改暗渠完成〉，《華僑日報》，1964 年 8 月 14 日。

大坑夜龍表演團體照，攝於 1961 年。（照片由大坑坊眾福利會提供）

晚上，火龍到蓮花宮開光之後，插上香枝，巡遊街道後，活動便結束了，沒有表演安排。是他提出在該晚增加第二輪的表演活動，變成三個晚上都有巡街及表演活動。

> 市政事務署於 1961 年 12 月 10 日舉辦員工運動大會，邀請大坑坊眾福利會，領導大坑火龍，在政府大球場表演助慶，觀眾達兩萬多人，港督伉儷暨各機關首長，均蒞場參觀。[12] 大坑火龍人員芳名如後：
>
> **總領隊**：甄子傑，**領隊**：張榮盛、葉達成、陳家泰，**顧問**：葉娣、陳昭，**總教練**：黃福，**教練**：盧華興、林華有，**總指揮**：黃連山，**指揮**：羅伙貴，**龍頭龍珠組**：**隊長**：葉致安，**隊員**：張樹陵、張觀興，周揚保、李雲安、馬興、李振光、賴龍、劉劍雄、張炳銘、劉劍桃、曾本仁、周有、賴石全、馬福、卓石金、林堆、賴香、楊觀勝、羅國、黃錦榮、石慶雲。

12 〈大坑火龍表演〉，《華僑日報》，1961 年 12 月 11 日。

龍心組：第一隊隊長：陳秀中。**隊員**：陳觀泰、袁權益、鄺偉權、林志榮、林燦勳、黃國英、耿俊英、耿俊雄、伍治新、黎卓煒、馮水祥、李青、余泉、鄭瑞傑、賴堂、聶福全。

第二隊隊長：李保光、李大光。**隊員**：李雲貴、梁煥雄、李 國光、何炳森、黃友才、黃棋正、石志明、張偉忠、羅百康、區國洪、何家就、葉永雄、伍源文、葉思熙、何龍。

第三隊隊長：黃耀榮，**隊員**：林桂養、米偉雄、葉永和、張兆基、鍾根邦、黃卓炎、羅文光、趙社祥、李澤權、聶志雄、楊瑞祥、伍仰光、楊慶祥、謝志杰、米金雄。

第四隊隊長：李磊光、黃榮漢，**隊員**：羅柏靈、賴志江、李炳德、朱炳榮、林觀雄、鄧勝和、彭萬根、黃有年、黃錦洲、黃耀材、黃志豪、潘大雲、楊潤華。

龍尾組：隊長：林鎮安、林荃添。

隊員：莫耀材、楊潤龍、曾榕根、林木壽、朱榮華、朱禮賢、曾天來、朱榮光、卓雲、黃林勝、何炳深、朱春、何國安、張浩田。

音樂組：隊長：羅盈緒、李牛（教練）。

隊員：葉福、林木興、鄧志剛、陳木川、黃官英。

紗燈組：隊長：朱榮基、林國光、陳光、林洲、孫祥。

隊員：林國權、黃贊明、陳德輝、李志強、陳錦成、黃贊全、葉天送、丘國塘、羅志羣、黃連興、杜東雄、夏志威、張達華、馮承強、袁權光、錢盛榮、葉國喜、楊志明、賴國強、林石安、李蘇、葉譚生、李世昌、羅柏雄、林永昌、廖偉峰、盧文添、林永康、馮榮添、唐瑞松。

安全組：**隊長**：梁潤江。

隊員：陳樹芬、鄭煥庭、林錫根、黃翼雲、張仁海、祝映忠、鐵紹裘、蕭發、李允順、羅靜嫻、林華添、彭揚、李水旺、張經泰、謝永耀、潘錦添、李迺棠、王麗生、蔡應祥、張永勝、陳志榮、曾守潤、盧樹家、冼國斌。

十一、籌募經費

早期村民都很齊心，會自動捐錢支持舞火龍，不用上門募捐。後來福利會的理事都去幫忙籌募經費，大家提着一個箱子，到每幢大廈、每一家募捐，請他們支持購買香枝、紮作火龍。

舞火龍的花費很大，唯有逐家逐戶去籌款，五毫、兩毫的收集捐款。朱榮基當理事長的時候，他會穿着西裝，拿着一把雨傘，站在街上，拿着錢箱，向途人募捐。不過，還有很多街坊自動捐獻。

火龍紮作完成後，福利會便會在浣紗街口的告示牌上張貼一張紅紙，寫上捐款人的姓名及捐款金額。

舞火龍的經費要籌募回來，陳德輝憶述，由於以前籌款的成績都十分勉強，所以活動的規模便受到財政上的限制。有時候買香的錢不太足夠的話，便要節省火龍身上的香枝數目，又或縮減第二輪火龍表演時的香枝數目。

十二、舞龍牌照

林荃添從老人家得到的資料是開始的時候，舞火龍只有一個晚上，並不是三個晚上的活動。大約是在和平之後，在華民政務司要求下，首先增加一晚舞火龍活動，後來再增加至三個晚上。不過早於 1936 年 10 月 1 日《每日雜報》(*Hong Kong Daily Press*) 的報道，已指出大坑當時已有連續三晚的舞火龍表演。因此相信這個從一晚發展到三晚的過程，在更早時間已經出現。這個變化，顯示香港政府很早便着意大坑的舞火龍活動。

從舞火龍的發展歷史顯示，它是一個自發的地方傳統活動，由一群街坊組織起來，每年大家合作，籌募經費、紮作火龍，然後進行舞火龍活動。在 1949 年，他們自稱為「大坑夜龍會」。與此同時，大坑亦有其他社會組織形成，包括早期的「大坑菜園會」(亦即後來成立的「譚公會」) 及後來的大坑坊眾福利會。由於舞火龍只是每年農曆八月的短暫活動，他們便借用菜園會的地方進行舞火龍的準備工作。另一方面，籌辦舞火龍活動的人員，與菜園會及福利會的，在人事上都有很多重疊的地方。

本來舞火龍是不用申請牌照的，陳德輝指出，在 1958 年，政府提出要有一間持牌的機構，去申請舞火龍的牌照。當時菜園會還未成為註冊團體，而福利會已經代表街坊在不同事務上與華民政務司溝通，因此大坑坊眾福利會便順理成章成為每年申領舞火龍牌照的機構。

十三、火龍委員會

舞火龍牽涉到很複雜的組織安排。大坑舞火龍的時間長達三晚，路線要圍繞整個大坑社區，再加上每年前來觀看大坑舞火龍的觀眾眾多；因此福利會轄下的火龍委員會每年要負責組織舞火龍活動，安排各健兒的崗位，才能確保三晚舞火龍活動順利進行。

火龍委員會的組成，有一段很長久的歷史。1961 年大坑火龍組織參與市政事務署員工運動大會的表演方式，相信是今天火龍委員會的雛型。

現在的火龍委員會每年負責安排組織火龍傳承人、領隊、顧問及統籌主任的人選，並負責安排舞火龍的主要事宜。在每年舞火龍前三個月，大坑坊眾福利會便會發信，邀請上一年的參與者繼續參加，其中有一部分為大坑坊眾福利會的理事。但有些參與者會因為工作或其他事務而無法參加，火龍委員會便要找人選補上。參加者每年都要重新報名及登記身份，成為新年度火龍委員會的委員。

火龍委員會負責安排各舞火龍健兒的崗位，主要包括教練、指揮、龍珠組、龍頭組、龍心組、龍尾組、音樂組、紗燈組、蓮花燈、攝影組、司儀、火龍紮作組、接待組、發龍衫組、監察組、宣傳組以及龍茶處；其中再設組長進行小組管理。

在舞火龍的隊伍中，每一個位置的舞龍健兒都十分重要，唯一能從外觀上區分其中不同的，是他們身穿的「龍衫」——也即是制服。身為組長的舞龍健兒身穿藍色龍衫，而組員則身穿白色龍衫。組長們由有多年舞龍經驗的健兒擔任。

當火龍在安庶庇街完成簪花掛紅儀式之後，便要迅速燃點香枝，再將點燃的香枝分別插在龍頭、龍心、龍尾以及龍珠上。香枝的火點構成火龍的外型，以龍珠及龍頭尤甚。而要用點燃的香枝插出形態，需要豐富的經驗，所以在插香環節，要由經驗豐富的組長負責插香，並由組員負責遞送香枝。

龍心全長 220 英呎，中間由 31 支把手竹竿支撐，龍頭與龍心之間有一條 20 呎長的龍頸繩。為龍心插香，需要大量人手幫忙。為了標明分工安排，每枝把手竹竿都寫上竹竿號碼（1 至 31），然後再將龍心分成 8 組，每組由 A 至 H 英文字母表示（H 組則只有 3 支把手竹竿），並以不同顏色劃分。這樣，每位組長都明確知道自己的工作位置，除了在插香的時候承擔責任，還需要時刻留意組員的狀態，幫助他們解決困難。

舞火龍的隊伍，包括舞火龍、音樂、燈飾及糾察等不同崗位。在舞火龍現場，正舉着火龍舞動的人數為：舞龍珠 2 人、龍頭 1 人、龍心 31 人以及龍尾 1 人，一共 35 人。然而，舞火龍不僅是將火龍高舉，而是加上舞火龍的各項招式。再者，火龍健兒高舉火龍跑上幾分鐘，便難以支撐，需要各組人員輪番接替。因而各組人數安排必須充足，要有三百多人，才能確保舞火龍順利進行。

各組組成及安排如下：

1. 龍珠組員：30 人，負責為龍珠插香以及舞龍珠；
2. 龍頭組員：35 人，負責為龍頭插香以及舞龍頭；
3. 龍心組員：每支竹 4 人，共 31 節竹子，一共 124 人；負責分區域為龍心插香以及舞龍心；
4. 龍尾組員：30 人，負責為龍尾插香以及舞龍尾；
5. 音樂組員：30 人，負責推音樂車抵達舞火龍的街道以及為舞火龍配樂；
6. 紗燈組員：男女小童 60 人，負責提着紗燈擺表演招式；
7. 蓮花燈組員：女小童 28 人，負責提着蓮花燈擺表演招式；
8. 糾察：40 多人，負責在現場協助管理秩序；
9. 頭牌：3 人，負責舉着頭牌在火龍前帶路；
10. 貳牌：3 人，負責舉着貳牌在火龍前帶路；
11. 橫幅：6 人，負責舉着橫幅在火龍前帶路。

「龍衫」（陳德輝口述）

1980 年代，我們開始為幹事和組長準備制服。那時資源不多，我們便去廟街找，因為那裏有很多賣 T 恤的攤檔，找到什麼顏色便用什麼顏色。通常以一打（12 件）包裝出售，每種顏色三件，有紅色、藍色、黃色、白色和淺啡色等五、六種顏色。有些商家願意抽出我們需要的顏色和數量。買回來以後，再印上「大坑夜龍」文字。「大坑」兩個字是橫向的，「夜龍」二字則縱向在中間。不用「火」字，是因為大家相信，「火」字不能穿在人的身上。

帶領火龍隊伍的「頭牌」、「二牌」及「橫幅」，攝於 2019 年。

大坑夜龍

第六章

火龍紮作

每年舞火龍的最後儀式是送龍入海，就是將火龍送到海裏。這樣，不潔的東西、引起瘟疫的東西，都隨火龍而去，整個活動便圓滿結束。所以每年都要為活動製作一條新的火龍。紮作火龍，最重要的步驟是準備紮作用的材料，主要的材料包括珍珠草、竹竿、蔴纜、藤枝和鐵線等。大坑坊眾福利會的大堂便是每年紮作火龍的臨時工場。

一、珍珠草

珍珠草是紮作火龍的重要原料，是鋪在火龍骨架上的香枝插墊。珍珠草也稱為米仔草，是一種生長在山間縫隙的野草。收割回來的珍珠草因含有水份及長度不一，需要曬乾之後，再一起剪裁至適合長度，方能作為紮作火龍的原料。

在 1950 及 1960 年代，中秋節前約十天，村民便自發開始準備紮作火龍。女村民會上山斬竹及割草，作為紮作火龍的材料。由於山上有些草的葉子很鋒利，會弄傷手，她們都會用帆布自製手套，遮蓋掌部，但手指是露出來的，方便割草。

由於香港島陸續都市化發展，大坑附近的山區大多數已經建起住宅，整個大坑已經不是以前的村落。快速的建築發展令大坑附近野生的珍珠草減少，要在大坑附近找到足夠的珍珠草供紮作火龍使用，實在困難。村民繼而轉向在新界不同地方採集珍珠草，要將不同地方的珍珠草都集合在一起，才有足夠數量紮作一條火龍。資深舞火龍成員徐國偉憶述，在 1980 及 1990 年代，找珍珠草是十分辛苦的事情。他們駕駛一輛私家車及一輛貨車，沿着元朗青山公路尋找，邊走邊割。

珍珠草（又稱米仔草），攝於 2009 年。

在 1990 年代，大坑坊眾福利會開始在內地找珍珠草。在 1994 年，大坑坊眾福利會通過中聯辦提供證明，獲得特別批准在內地採集珍珠草，再運來香港。火龍委員會便在東莞找當地人幫忙，承包採集珍珠草及處理工序，再裝運成車，然後運到香港。

但是，火龍委員會在第一次從內地運送珍珠草到香港時，便遇到不少困難。第一，由於當地人不認識「珍珠草」，因而火龍委員會便需要派成員前往內地，在現場幫忙尋找珍珠草並隨車運送回香港。第二，當這些採集的珍珠草運到內地海關時，由於海關也不認識珍珠草，再加上這是第一次作為貨物出口，海關的工作人員無法在海關系統內找到珍珠草的貨物代碼；沒有代碼，珍珠草便無法出關。這些新鮮採集的珍珠草不能在車廂的封閉環境下保存太久，因為珍珠草自身的水份蒸發出來，會使車廂變得潮濕，令珍珠草發霉。在火龍委員會成員和海關人員的再三溝通下，最後終於能夠在當日下午出關，將珍珠草運到大坑。

經過多年來經驗的積累，現在從內地採集珍珠草，已經變得順暢。現在紮作一條新的火龍，大約需要兩千公斤的珍珠草，裝運成車，差不多能填滿整個貨櫃車。然而，近年從東莞運來的珍珠草，質量比較參差。有些莖部比較粗，有些潮濕發霉，都不能使用，要多花人手篩選。

珍珠草運抵福利會後，紮作火龍的師傅會趁着有陽光和風的天氣，將珍珠草放在福利會旁的空地及附近街邊晾曬及風吹讓珍珠草上的水份蒸發出來，防止珍珠草起潮發霉。經過這些工序之後，不符合要求的珍珠草便要被放棄，因而每年從內地運送過來的珍珠草，數量上需要多準備一些。

現在東莞正在發展，長遠來説，珍珠草的供應也將會成為一個主要困難點：怎麼才能找到足夠的珍珠草？[1] 2021 年開始，坊眾福利會和香港聯合國教科文組織世界地質公園合作，嘗試在香港培植珍珠草，解決這個問題。珍珠草看似一種野草，但並非任何一個地方都可以生存，它們對生長環境的濕度和陽光都有要求；再加上紮作火龍需要兩千公斤之多數量，在香港種植足夠的珍珠草，並非易事。

1　陳德輝的經驗是鹹水草和禾稈草都可以作為替代品。但鹹水草紮成的，插香困難。禾稈草是可以，但容易燃燒並滋生昆蟲。

從內地採集的珍珠草，需要晾曬風乾，才可以用來紮作火龍，攝於 2021 年。

在 1960 及 1970 年代，紮龍的工作分成兩部分，在兩個地方進行，龍頭在新村街紮作，而龍心則在龍溪臺前的狹長空地上進行。

當時紮龍頭最有名的是葉亞娣，他住在新村街，負責釘龍頭架、紮龍頭。他在電車公司工作，下午五時下班回家，晚上七時便開工做龍頭。他獨自一個人紮，不喜歡別人打擾。他也是舞火龍的指揮和統籌。

龍心及龍尾部分則在龍溪臺紮作。以前龍溪臺的地勢比較高，龍溪臺前面是水坑（也即是現在的浣紗街），而兩者之間有一狹長的空地，那就是紮龍身的地方。那是露天的，若果下雨，就要蓋搭一個臨時的棚，以保持珍珠草乾燥，不被雨水弄濕。

二、紮作火龍

大坑的火龍，由龍頭、龍心（即龍身）、龍尾及一對龍珠組成。基本的紮作是用藤枝、繩纜及竹竿製成火龍的基本骨架。龍頭及龍尾的骨架主要由藤枝組成，而龍心則由一根 220 呎長的蔴繩造成。龍頭、龍尾及龍心都設有竹竿，作為舞龍健兒的把手。

當基本骨架完成後，便可以在骨架上鋪上珍珠草，然後用幼鐵線纏繞紮實固定。珍珠草是香枝的插墊，需要有足夠的厚度及結實度，以支持和固定香枝，讓香枝不會在火龍舞動時飛脫。

大坑火龍的紮作主要由兩組師傅分開負責，一組師傅負責紮作龍頭及龍尾，另一組師傅負責紮作龍心。

三、紮作龍頭

龍頭的紮作，在龍頭的把手竹竿開始。整個龍頭是紮在把手竹竿的上半部分。首先將兩片中間鑽孔的方形「龍頭板」鑲在把手竹上。然後整個龍頭的外型便是由藤枝組成，鑲嵌在兩片龍頭板上面。

購買回來的藤枝本來都是直條，在紮作龍頭和龍尾時，要將藤枝按不同的弧度彎曲，形成不同的外型。這個彎曲藤枝的工序稱為「屈」。「屈」的過程是先利用火槍將要屈的藤枝部分燒熱，讓其變軟，然後慢慢施加力量將其屈成想要的弧度；達到理想的弧度時，便用一塊濕的抹布將之蓋住冷卻，以固定弧度。

紮作師傅先用藤屈出龍嘴的上下顎，然後用鋼釘將之固定在上下兩塊龍頭板上。之後，紮作師傅再屈出一對龍耳，固定安裝在龍頭板的左右兩旁。在龍嘴及龍耳都固定好的時候，紮作師傅用三條比較粗的藤，屈成龍髻及一對龍角。龍角被固定在兩邊龍耳的旁邊，而龍髻則被固定在中央的竹子上。

以藤枝屈成的龍耳、龍嘴、龍髻及龍角，構成了基本的龍頭外型。然後下一步的紮作步驟是利用比較細幼的藤枝，進行細節處理。首先是下顎位置加上井字狀細藤，形成龍嘴的底部。上顎的部分，則加上向上拱的幼藤枝，形成高高聳起的龍鼻。這樣，龍頭的輪廓便大致完成。

紮作師傅再進行的下一步工序是將選好的珍珠草鋪在龍頭的骨架上，稱為「上草」。由於龍頭的骨架比較幼細，但要負荷的香枝數目卻比較多，因此對珍珠草的要求亦比較講究。選取幼細的、

紮作龍頭過程（2021 年）

紮作龍頭的第一個步驟，是將兩片龍頭板固定在把手竹上。

紮作師傅用火槍將藤加熱，再屈成合適的弧度。

完成龍頭的基本外型。

將珍珠草鋪在龍頭的骨架上。

將珍珠草排列，挑選嫩滑的來紮作龍頭，攝於 2009 年。

紮作完成後之龍頭，攝於 2021 年。

比較嫩滑以及莖沒那麼粗的珍珠草，鋪在龍頭上，才可以方便後續的插香工作。紮作師傅會從準備好的珍珠草中優先挑選出比較適合的，再將其裁成大致相同的長度，作為紮作龍頭的材料。

在舞火龍的前一天，紮作師傅為龍頭安上用鋁片做成的龍牙和龍舌，以及兩個手電筒做成的龍眼。龍鬚則用榕樹的氣根製作，鑲在龍頭的下顎位置。在龍頭還未開光之前，龍眼用紅紙包裹。

四、紮作龍心

龍心的紮作，是由另外一組紮作師傅負責，這是一項相當花力氣的工作。

龍心的骨架是由一根 220 呎長的粗蔴繩和 31 枝作為把手的竹竿組成。組裝的方法是在每根把手竹竿的頂端位置打一個孔洞，這個孔洞是讓龍心蔴繩穿過，然後用鐵線將蔴繩和竹竿纏繞，固定兩者的位置。如此類推，蔴繩便與 31 根把手竹竿連接起來。組裝前，師傅會為每根竹竿寫上編號，並把竹竿表皮修整順滑。

最後將整條蔴繩塗上防火漆，晾曬一天後，待防火漆乾卻，便可以為龍心進行「上草」的工序。

上草之前，紮作師傅先要整理珍珠草，裁去過於粗壯的莖根，準備粗幼及長度相若的珍珠草。

上草的工作由第一支竹竿頂的蔴纜開始，紮作師傅將珍珠草完全覆蓋竹竿和蔴纜的連接點，然後用鐵線纏繞固定。

為了配合舞龍的不同花式及動作，把手竹竿有不同的長度。在龍頭起始方向的竹竿是最短的，然後慢慢增加長度。紮作龍心的第一個步驟是先將竹竿排列並寫上編號，攝於 2021 年。

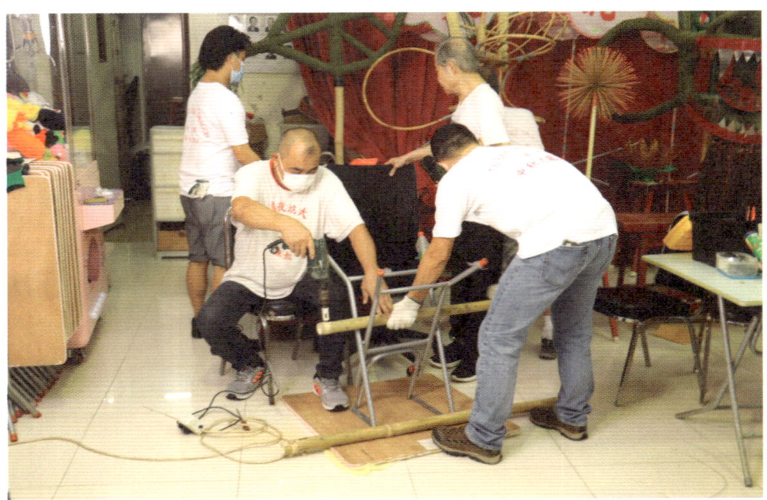

為龍心的竹竿打孔，攝於 2021 年。

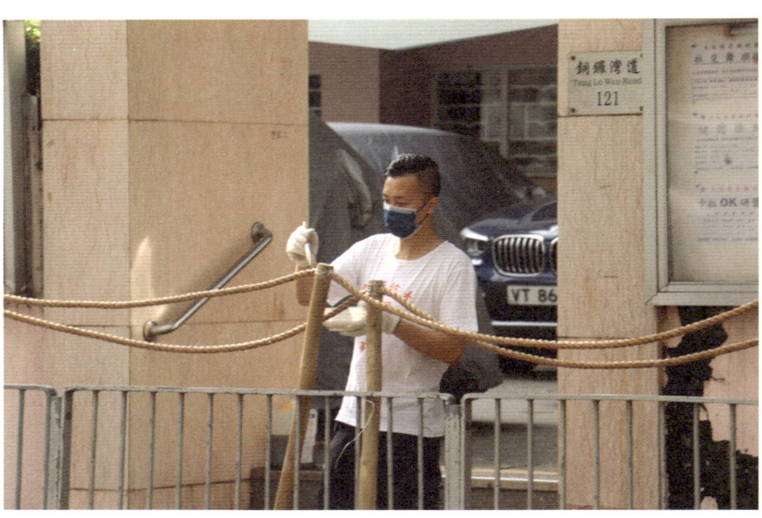

為蔴纜塗上防火漆，攝於 2021 年。

將珍珠草裁切成大約相同的長度，作為龍心上草的材料，
攝於 2021 年。

完成了第一節竹竿頂的鋪草工序後，其餘的上草工序便可以在一塊長條形的木板上進行。其過程首先是在木板上鋪上珍珠草，然後在珍珠草上面放上蔴繩，再在蔴繩上蓋上另一批珍珠草，繼而用鐵線纏繞固定，逐漸形成以蔴繩為中心、外鋪珍珠草、約 6 吋直徑的龍心。這樣，珍珠草層便成為舞龍時香枝的插墊。珍珠草的放置方向是根部向着龍頭，草端向着龍尾。紮作師傅重複這個過程，為蔴繩包上珍珠草，直到完成 220 呎長的龍心。

紮作師傅指出，上草的工作非常耗費體力，尤其是纏繞鐵線時，施力要適中，若施力太重，龍心的珍珠草層便會變得緊迫，龍心外型顯得瘦小，看起來不夠大氣；反之，若施力太輕，則珍珠草層會變得鬆散，不能固定香枝，在火龍舞動時，香枝便容易飛脱。

紮作龍心過程（2021 年）

紮作師傅從第一節竹竿和蔴纜的連接點開始上草，首先是在木板上鋪上珍珠草（照片 1），然後在珍珠草上面放上蔴繩（照片 2），再在蔴繩上蓋上另一批珍珠草（照片 3），繼而用鐵線纏繞固定（照片 4）。

1

2

3

4

五、紮作龍尾

龍尾是一個欖核形狀的藤架，中間置有蔴纜，蔴纜的前端連上活動金屬扣，連接龍心末端蔴纜。

紮作師傅首先用藤枝紮成龍尾藤架，然後裝上竹竿把手。方法是將把手竹竿頂部剖開，分裂成兩片竹片。然後將龍尾藤架鑲在兩片竹片的中間，再用鐵線纏繞固定。

跟着，便可以為龍尾上草。紮龍尾需要長一點的珍珠草，才能將整個龍尾骨架包裹，方便後續插香。

用藤枝紮成的龍尾骨架，攝於 2021 年。

將把手竹子上端中間剖開，然後將龍尾藤架置於分開的竹片中間，攝於 2021 年。

完成後的龍尾，攝於 2021 年。

六、紮作龍珠

龍珠是一個由燃點香枝組成的球體。龍珠香枝的插墊是一個柚子，紮作師傅只要將柚子裝在把手鋁管的頂端，便完成工作。其過程是將柚子自頂部至底部打出一個洞，讓鋁管穿過，然後將一根長螺絲橫向穿過柚子及鋁管，最後用鐵線將柚子沿外圍纏繞，將之固定在把手鋁管的頂端，成為龍珠香枝的基礎。

這個看來簡單的工序，卻需要豐富的經驗才能完成。最重要是找到厚皮少肉的沙田柚，才能負荷數目眾多的香枝。龍珠的紮作要在舞火龍的前一天才進行，因為若太早開始製作龍珠，柚子內部的皮肉會被風乾，成為一個乾殼球體，便難以插香。

雖然舞火龍只需要兩顆龍珠，也就是説是兩個柚子。因為每個柚子只可以使用一次，所以火龍紮作師傅要準備多個龍珠把手裝置，以便隨時替換。

紮作完成的龍珠，柚子部分用紅紙包裹。待開光儀式後，始插上燃點的香枝。

先將柚子從頂部到底部打出一個孔，然後裝上把手鋁管，再用長螺絲及鐵線將柚子纏繞固定，製成龍珠把手裝置，攝於 2021 年。

在開光儀式前，兩顆由柚子做成的龍珠插薦會被紅紙包裹，攝於 2021 年。

第七章

舞火龍的過程

每年的舞火龍活動，在大坑坊眾福利會火龍委員會的統籌下，在農曆八月十四、十五及十六的三個晚上，在大坑的街道上進行。三個晚上的活動內容基本上是一致的：首先就是在安庶庇街起龍，然後巡遊大坑所有街道，再在浣紗街進行表演。由於火龍本來是人工製品，所以舞火龍的第一個儀式，就是在農曆八月十四日晚上，借助蓮花宮觀音菩薩的力量，將火龍開光。跟着火龍便連續三個晚上巡遊街道，以順時針的方向，驅除可能引致瘟疫的元素。到八月十六晚上舞火龍表演完畢後，便進行「行大運」儀式，以逆時針方向巡遊大坑街道，有收集不潔物的意思。之後，便用貨車把火龍運到銅鑼灣避風塘，進行「送龍入海」儀式，火龍便與不潔物一同離開大坑，讓社區迎來一個新的開始。

一、農曆八月十四日

1. 開光儀式

火龍在大坑坊眾福利會的禮堂紥作完成後，在農曆八月十四日晚上七時，前往蓮花宮進行開光儀式。舞龍健兒將火龍的骨架移往蓮花宮，將龍頭及龍尾置於蓮花宮內。開光儀式由火龍總指揮主持，以客家話進行，他首先告訴觀音娘娘舞火龍活動的安排，尋求祂的庇佑。跟着成員上香朝拜觀音，火龍總指揮再以柚葉水為火龍及現場所有參與者灑淨，然後以硃砂為火龍點睛開光。開光儀式完結後，健兒便將火龍移往安庶庇街。

大坑坊眾福利會會長致詞。

火龍總指揮上香，並以客家話稟神。

總指揮將香枝插在龍頭上。

總指揮向火龍骨架、舞火龍器物及參與人士灑聖水，進行潔淨儀式。

嘉賓用硃砂為火龍開光，首先點睛，然後點在火龍骨架前段及尾部上面。

嘉賓為龍珠點上硃砂。

嘉賓為一對龍珠上香。

嘉賓為龍頭簪花。

嘉賓為龍頭掛紅。

總指揮以客家話朗誦吉祥語句。

總指揮獻上金銀衣紙。

火龍起動，向觀音像朝拜。然後火龍自廟宇左門離開，前往安庶庇街。整條龍身也跟著穿過廟宇的大堂而離開。

2. 簪花掛紅儀式

三個晚上，都會舉行簪花掛紅儀式，儀式在安庶庇街及新村街交界進行，這本來是大坑村老圍與新圍分界的地方。龍頭置於分界點，而整條火龍的骨架（稱為龍心或龍身）及龍尾則置於安庶庇街，以坐北朝南的方向進行儀式。儀式的過程是首先由嘉賓為龍頭簪花及掛紅，再由嘉賓致詞，然後頒發紀念旗，最後是剪綵。

簪花掛紅（陳德輝口述）

早期做儀式，就是點睛、簪花、掛紅。簪花就是插上三個花球。但後來參加儀式的嘉賓官員愈來愈多，他們來到後沒有活動的話，便會冷落了他們。那怎麼辦呢？於是增加插柚子葉，去問三伯，他說好好好！後來也便增加了為龍角、龍耳掛紅的環節，愈弄愈多。這些改變，我都全部問過三伯，他說可以，那便去做，那個時候我們只有幾個人做事啊。

女性角色（陳德輝口述）

1980 年代，很多傳媒例如報館、電台、電視台的記者都是女士。她們來到採訪，你不讓人家進去，把人家拒於門外嗎？那是行不通的，這樣便開始開放。開放後沒有多久，警察東區指揮官王梁錦珊應邀做火龍儀式的嘉賓，也便開始了有女性嘉賓的參與。跟着後來，朱自然則成為第一位打鼓的女士。

安庶庇街的儀式

嘉賓進行簪花儀式，攝於 2010 年。

簪花掛紅儀式後，嘉賓進行剪綵儀式，攝於 2011 年。

3. 起龍儀式

完成簪花掛紅儀式後，健兒馬上為一對龍珠、火龍骨架、龍頭和龍尾插上燃點了的香枝。待火龍總指揮在龍頭前進行拜神儀式後，便開始起龍儀式。舞龍頭的健兒首先舉起插滿香枝的龍頭，進行「朝（拜）」的動作，龍頭向左右兩方擺動，重複九次。之後，整條火龍便開始巡遊活動，巡遊整個大坑社區，往不同的地點朝拜。

安庶庇街的起龍儀式，攝於 2017 年。

舞龍頭（黃浩傑口述）

2019 年舞火龍，第一晚起龍時，不知何故，那個龍頭便倒了下來。我馬上伸手把龍頭接住，到舞龍頭的那一刻，便感到沒有力氣，但我也強行支撐下去，因為是剛剛起龍，沒有理由讓火龍第一晚便倒下。到別人接手後，我便立即去醫院，才知道是斷了骨。

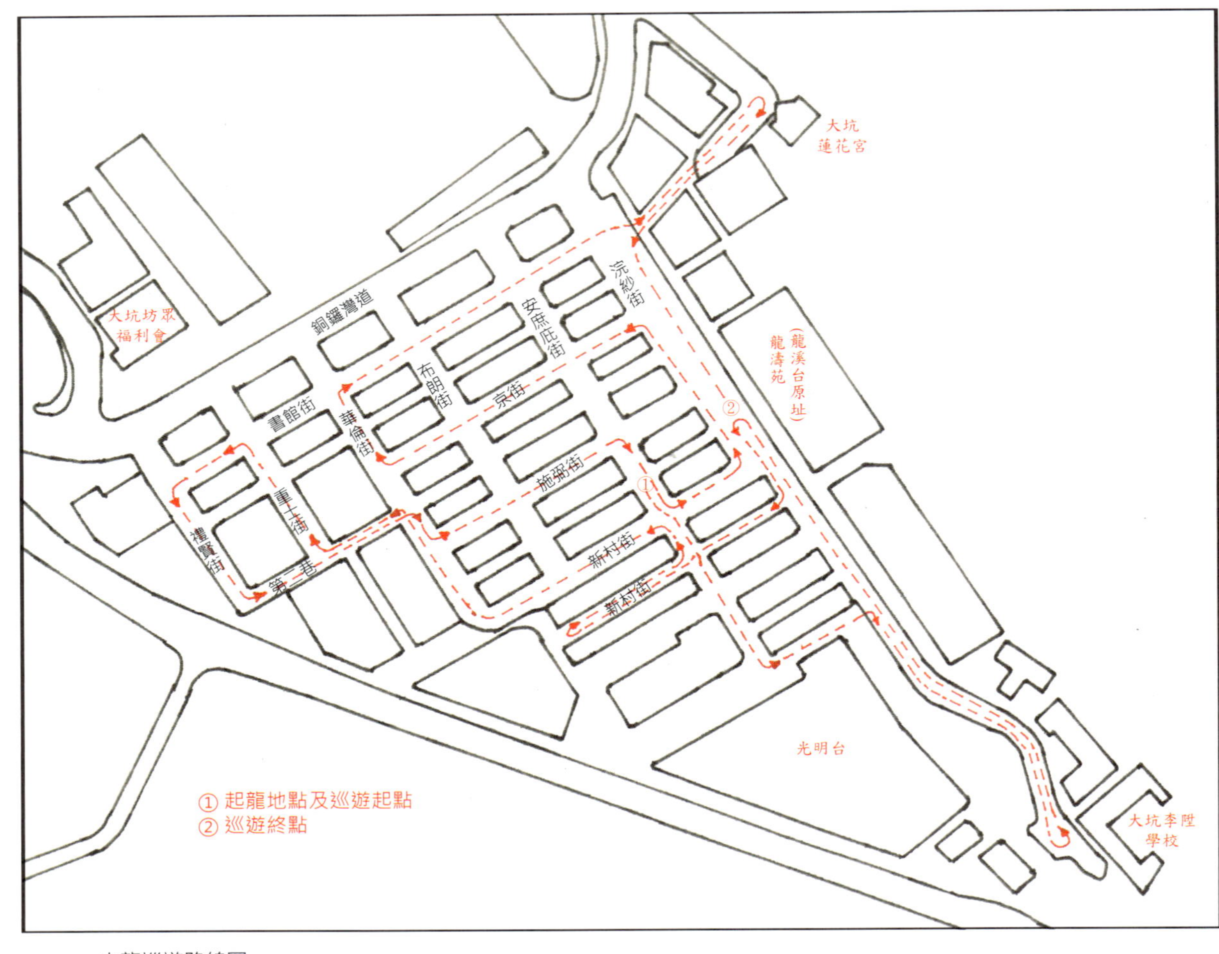

火龍巡遊路線圖。

4. 火龍巡遊

火龍巡遊大坑社區內所有大街小巷，沿順時針方向遊行，驅除不淨的東西。火龍首先前往浣紗街南端，跟着回程巡遊大坑街道，也會為店舖進行採青儀式，整個活動過程需時約四十五分鐘。

巡遊完畢後，火龍便停在浣紗街，進行換香及準備表演。

在一對龍珠引領下，火龍巡遊大坑所有街道，攝於 2019 年。

攝於 2018 年。

攝於 2018 年。

攝於 2023 年。

汽車修理店在舖面架起燒烤爐，居民圍爐聚話，迎接火龍巡遊，攝於 2011 年。

汽車修理店門前掛着讓火龍採的「青」。「青」是指綠色的植物，通常是用生菜，也會附上利是，表示對活動的支持。攝於 2011 年。

火龍向店舖朝拜，然後把青「吃」掉，攝於 2012 年。

舞龍頭步法（陳德輝口述）

舞龍頭的基本步法是左三步，右三步；是要很自然、流暢的行走；但同時要有氣勢。左三步、右三步是要同時向前行的。如果只是簡單的左三步，右三步的話，那條龍是前進不了的，所以我們要以「之」字形的方式向前走。走左三步及右三步的最後一步時，便要把龍頭舉起，這樣做才變得有氣勢。

夜龍大坑舞一輪（1965 年 9 月 11 日）[1]

大坑街坊福利會之「夜龍」昨晚又在該區進行第二晚之巡行。「夜龍」，長約二百呎，龍頭及龍身均插滿香枝，由三百多健兒負責舞動。昨晚，欲一睹「夜龍」廬山眞面之居民，很早就在街坊會門前及大坑街道上等候，街頭巷尾，處處人海，後來還要勞動警伯來維持秩序。

七時四十五分，「夜龍」由街坊會啓程，先去安比庶街（安庶庇街），後經新村街再上光明台；及後又從光明台折返新村街、龍溪台、華倫街、施弼街、書館街、京街，然後再環遊大坑一週；最後在大馬路街市口打龍餅，直至十時才告巡行完畢。

5. 浣紗街表演

浣紗街是表演舞火龍的地方，全長約 300 米。觀眾沿街道兩旁聚集觀看。警察於街道兩旁架起鐵欄，將觀眾與火龍分隔。

然而當火龍巡遊社區的時候，浣紗街便沒有活動。大會於是安排一些表演節目，娛樂現場的觀眾。近年的表演是蘇格蘭風笛隊的演出；風笛隊是坊眾福利會的一個興趣小組，大會也曾經邀請舞蹈員配合表演蘇格蘭舞。以往也曾經聘請歌星在現場演唱，然而這個表演環節的內容並不固定。目的是讓觀眾有節目可以欣賞，不用呆等火龍表演。

1 〈夜龍大坑舞一輪〉，《工商晚報》，1965 年 9 月 11 日。

浣紗街表演，攝於 2019 年。

蘇格蘭風笛隊表演，攝於 2009 年（上）及 2011 年（下）。
。

火龍是在敲擊音樂伴奏之下舞動，樂器包括一個鑼鼓、一個銅鑼及多個鈸（亦稱「鑔」）。由於音樂組要跟隨着火龍，鑼鼓便置於手推板車上，隨着火龍移動。敲擊音樂還有宣傳的作用，當舞火龍還未開始時，音樂組便開始工作，讓敲擊音樂響起，預報舞火龍活動。所以音樂組的活動時間，比舞火龍的時間要長很多，攝於 2018 年。

6. 換香

火龍巡遊街道完畢後，整條火龍以坐北朝南的方向，置於浣紗街，進行換香。健兒將舊的香枝拔出來，然後換上新燃點的香枝。拔出來的香枝，會送給街道兩旁的觀眾。一些已經遷離大坑的居民，也會回來拿香枝回家供奉他們的先人。

火龍換上新香枝之後，便在浣紗街進行表演，過程大概是四十五至五十分鐘。這樣一個晚上的活動便完結。健兒便將火龍骨架運回福利會，翌日進行維修，為晚上的活動作準備。

換香：燃點新香枝替換，原來的香枝則贈予現場觀眾

攝於 2011 年。

攝於 2009 年。

攝於 2010 年。

攝於 2009 年。

攝於 2011 年。

攝於 2017 年。

攝於 2009 年。

攝於 2012 年。

攝於 2023 年。

插龍珠香（徐國偉口述）

我是兩根香枝疊着的插，插到大概一吋深，不會插到柚子的中心位置。插的時候要爽快，那柚子的皮才可以夾着香枝，香枝不因舞動時的離心力飛脱。

插龍珠的時候，一邊插香，一邊轉動龍珠，一圈一圈的插。插 800 枝香，即是 400 次。那隻手要不停的插。15 分鐘內一定要插完那 400 次。插香時還要考慮插入香枝的深淺，要感覺及控制深度。另外，要確保龍珠是圓的。因為有些柚子是鵝蛋形的，那便要深淺插了。

攝於 2011 年。

攝於 2019 年。

7. 提供龍茶

在舞火龍的三個晚上，浣紗街上設有龍茶檔，為舞龍健兒提供解渴龍茶，也就是普洱茶。以前，大坑有賣茶葉的店舖，他們都會贊助這三個晚上的龍茶，並且幫忙準備工作。大坑人認為「喝了龍茶，就會富貴榮華」。龍茶要在舞龍前三至四個小時前準備，放涼後再提供予舞龍健兒。以前舞龍時浣紗街沒有放置欄杆阻隔觀眾，觀眾也可以去喝一杯龍茶。[2]

2　1993 年元旦，蘭桂坊發生人踩人慘劇。自此，警方為了防止慘劇重演，便在浣紗街兩旁放置欄杆，將火龍與觀眾分隔，管制人流。

龍茶檔，攝於 2009 年。

龍茶檔，攝於 2011 年。

二、農曆八月十五日

農曆八月十五日，第二晚的活動主要是重複第一晚的活動。由於火龍已經開光，便不需要到蓮花宮進行開光儀式。第二晚的活動過程是在安庶庇街進行簪花掛紅儀式、插香、巡遊社區，然後在浣紗街換香，再進行表演。但在舞火龍成為了國家級非物質文化遺產項目後，大會增加了表演場數，在浣紗街完成表演後，會到維多利亞公園再多作一場。

維多利亞公園舞火龍表演

攝於 2015 年。

攝於 2015 年。

攝於 2013 年。

攝於 2012 年。

在八月十六的晚上，浣紗街上多了一對追逐火龍尾巴的魚燈，攝於 2018 年。

三、農曆八月十六日

農曆八月十六日是最後一晚的活動，主要活動是重複前兩晚的活動，不一樣的是多了「行大運」及「送龍入海」的儀式。

1. 行大運儀式

火龍在浣紗街表演完畢後，以逆時針方向，巡遊社區一周，有收集不潔的東西的意思。

2. 送龍入海儀式

這是舞火龍的最後一個儀式，顧名思義，就是將火龍的骨架扔入海中，讓火龍回到祂本來的地方。據説在很久以前，當時銅鑼灣還未填海，舞龍健兒可以把火龍舞到海邊，完成最後的儀式。但銅鑼灣進行填海之後，交通繁忙，警方亦不批准火龍舞到海邊。現在的安排是將火龍骨架放到貨車上，然後運到銅鑼灣海邊進行儀式，健兒則乘坐旅遊巴前往。

到達維多利亞公園旁的銅鑼灣避風塘海邊後，先把火龍的龍頭及一個頭牌以支架固定，置於海旁，龍頭朝着維多利亞港的方向。然後由火龍總指揮進行拜神儀式。拜神儀式完畢後，健兒便把頭牌、火龍的龍頭、龍身及龍尾扔入海中，也就是把整條火龍送走。跟着，所有的健兒便馬上離開現場。整個舞火龍活動也便完結。

送龍入海

在海旁豎起龍頭，跟着進行拜神儀式，然後為龍頭簪花掛紅。最後將頭牌、龍珠及整條火龍拋入海中，攝於 2016 年。

3. 清理火龍

在 1980 年代中之前，火龍放到海裏後，便不再理會，因為避風塘的艇家會收集火龍的物料，認為會為他們帶來運氣。後來福利會認為要配合社會對保護環境的要求，於是與銅鑼灣避風塘的艇家商議，請他們幫忙，在送龍入海後，即晚清理海中的火龍物料。由於避風塘的艇戶認為火龍物件可以保平安，他們也樂於合作。

避風塘艇家幫忙處理海中火龍物料，攝於 2009 年。

四、舞火龍的花式與陣式

大坑舞火龍有一些基本的花式，例如「打龍餅」和「龍尾翻騰」。而在浣紗街的表演，大坑也發展了三個不同的陣式。表演陣式是由火龍及一對龍珠、一個頭牌、一個貳牌、一個橫幅、六十個紗燈和二十八個蓮花燈組合而成。

1. 打龍餅

「打龍餅」是火龍本身的一個舞動方式。過程是龍頭首先停下來，然後龍身環繞龍頭外圍捲伏，形成一個圓餅形。這是一個敬禮的方式。火龍在巡遊街道前，都會向嘉賓「打龍餅」，表示尊敬。

打鼓（朱自然口述）

舞火龍進行陣式時，大部分時間都是擂鼓。開始「打龍餅」時，便是擂鼓，到解龍餅時那一刻，我們是要起鼓的，那個龍餅解到差不多時，那個龍頭就會穿過龍尾最後的一節，那時，我們要打回擂鼓。龍頭通過後，龍尾會作出「翻騰」的動作，龍尾打在地上，然後再撐起，那時便又要再起鼓了。

打龍餅

攝於 2012 年。

攝於 2016 年。

攝於 2019 年。

攝於 2010 年。

2. 龍尾翻騰

顧名思義，「龍尾翻騰」是龍尾的動作，但這個動作是先由龍頭開始。過程是龍頭追逐龍尾，然後龍尾的健兒停下來，與龍身最後一節的健兒一起高舉龍身。兩節的竹竿把手及龍身形成一個進口，龍頭帶領着整條火龍從空位進口穿過去。這時火龍繼續向前移動，由於穿越動作會令龍身打結。當龍身最後一節及龍尾再要向前移動的時候，兩位健兒便要躍起越過龍身，而龍尾更要作 360 度的「龍尾翻騰」，解除龍身形成的結。由於這一翻騰動作難度高，不容易掌握，在十多年前開始，龍尾與龍身之間改以旋轉活動金屬扣連接。穿越動作所形成的結，最後由金屬扣的旋轉抵消，龍尾也不需要作 360 度的旋轉。

旋轉活動金屬扣的安裝，讓龍尾動作不受龍身影響。但由於龍尾翻騰的動作好看，龍尾的健兒便可以獨自多作龍尾翻騰的動作，吸引觀眾的掌聲。

| 龍尾翻騰（2023 年）|

P

P

3. 舞龍珠花式

龍珠的角色是引領火龍舞動的方向，有別於一般以一顆龍珠帶領的舞龍活動，大坑的舞火龍有兩顆龍珠，他們稱之為「雙珠戲火龍」。但大坑的龍珠不是單純的作為指引的角色，在表演的時候，發展了三個花式。

i. 雙絪珠

兩位舞龍珠健兒，各自兩手執龍珠把手，把手垂直，旋轉龍珠把手（龍珠也因而旋轉），然後左右水平移動，引領龍頭前進。

ii. 地塘珠

亦稱「橫珠」。兩位舞龍珠健兒做出相同的動作，各自兩手執龍珠把手，左手執龍珠把手上方，右手執龍珠把手下方。龍珠在健兒左肩上方，然後朝地面方向移動，但切忌觸及地面。與此同時，健兒往右作 360 度轉身，龍珠亦隨着健兒轉身而在地面之上轉一圈。當健兒轉身完畢，便將龍珠提升，直至龍珠在健兒右肩上方。至此完成地塘珠的上半部分花式。下半部分花式是以相反方向舞動，回復龍珠本來在健兒左肩上方的位置。

iii. 雙插花

兩位舞龍珠健兒做出相同的動作，健兒首先用右手握着龍珠把手的上端，盡量接近龍珠的底部，讓龍珠把手緊貼右前臂，並與之平行。開始時，龍珠在健兒左肩上方，健兒放開左手，讓龍珠朝地面方向移動，但切忌觸及地面，直至到達低位之後，改為向上移動。與此同時，健兒上身往右作 90 度轉身，右手握着龍珠把手位置不變。龍珠則繼續其移動方向，在半空中轉圈，當龍珠轉了 1.5 個圈之後，龍珠便在健兒右肩上方。至此完成雙插花的上半部分花式。下半部分花式是以相反方向舞動，回復龍珠本來在健兒左肩上方的位置。

舞龍珠花式

雙細珠，攝於 2019 年。

地塘珠，攝於 2016 年。

雙插花，攝於 2017 年。

雙插花，攝於 2012 年。

雙插花，攝於 2012 年。

雙插花，攝於 2012 年。

龍珠把手裝置，換香時更換，若龍珠損毀，亦可以馬上更換，攝於 2012 年。

4.「火龍過橋」陣式

「火龍過橋」的「橋」，是由橫幅所代表，頭牌和貳牌形成橋墩，橋墩兩邊向外延伸是蓮花燈及雲燈。表演時，火龍首先在南面雲燈中穿插，然後在橫幅下面通過，再在北面雲燈中穿插，最後再在橫幅下面通過。這時，龍尾剛好完成通過橫幅，形成龍頭與龍尾在同一地點出現的情況。

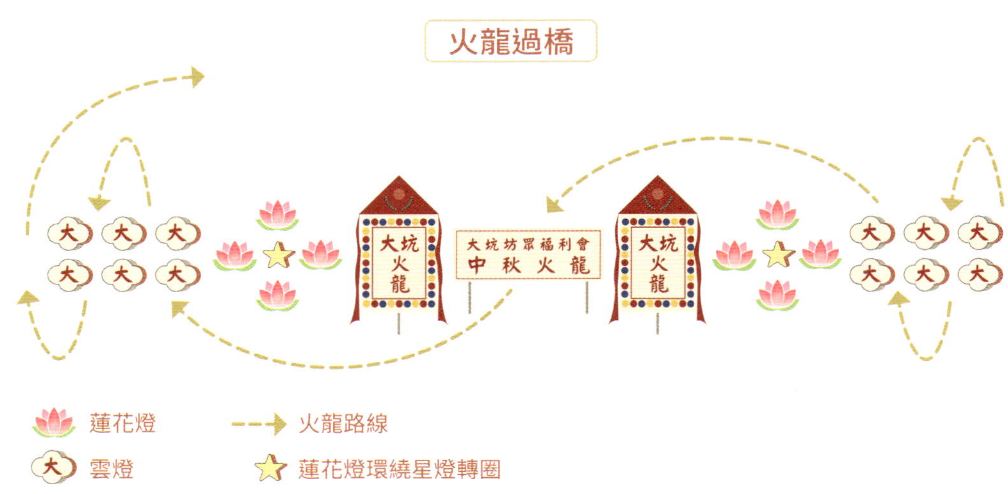

雲燈（陳德輝口述）

以前的雲燈都是一樣的圓形燈籠，然後在上面寫上日、月、星、雲等文字以作代表，再加上一些雲形圖案。後來大家覺得舞龍是在晚上，應該沒有太陽，於是取消那個日字的燈籠，現在月字燈籠都沒有了。現在有的是兩個星星燈籠，其餘全部都變成雲燈。現在的雲燈也改成為菱角形。

火龍出場時，雲燈和星星燈籠走在頭牌及貳牌兩旁。也就是想像在天空那裏，有星有雲，龍就在那裏舞動。

雲燈，攝於 2012 年。

蓮花燈（黃玉芬口述）

我的工作是通知街坊和其他人，有關舞火龍的活動，邀請小朋友們來參加蓮花燈，並要為小朋友們訂造衣服。過程是要幫他們量身，然後前往深圳找師傅縫製。所以在舞火龍之前要為他們量身和度鞋，再上大陸造衣服；回港後就給他們試衫。如果試了是合身的，那便很好了。有時候也有一點點出入的。有時那些小孩過了暑假後又長大了，所以衣服會有點不合身，就要去改。但通常都做得很不錯的。我們很有滿足感，衣服做得好，表演時可以把舞火龍的特色帶出來。

蓮花燈，攝於 2023 年。

蓮花燈，攝於 2019 年。

蓮花燈與一棵星組成的「柱」，攝於 2017 年。

5.「火龍纏雙柱」陣式

「火龍纏雙柱」的兩枝「柱」，是由頭牌和貳牌，各領蓮花燈及雲燈組成，分別位於橫幅的南北兩端。表演時，火龍首先從東面在橫幅下面通過，然後環繞北面的「柱」，再回到橫幅的下面。這時，龍尾剛好完成通過橫幅，形成龍頭與龍尾在同一地點出現的情況。

龍頭通過橫幅後，轉向南面，環繞南面的「柱」舞動，然後再返回橫幅之下。火龍重複的按「∞」形狀的路線舞動。

6.「綵燈火龍結團圓」陣式

「綵燈火龍結團圓」是由四個火龍元素，按同心圓的方式，組成四層，以中心高、外圍低的花式展示。由頭牌和貳牌作為展示的中心，環繞頭牌和貳牌的是蓮花燈，而蓮花燈外面的是雲燈，最外圍的是火龍。這四層元素組成圓圈之後，蓮花燈、雲燈及火龍分別向不同的方向移動，造成動態效果。

「綵燈火龍結團圓」陣式，攝於 2013 年。

「綵燈火龍結團圓」陣式，攝於 2019 年。

會
利

第八章

「火龍」與「夜龍」

英國人管治香港後，1843 年開始在香港島北岸建立維多利亞城，大坑村剛好在維多利亞城的東面邊緣，相信當時已有村民在大坑定居。但英國人的管治開始時，便發生了嚴重的傳染性疾病——1843 年的「香港熱」和 1894 年的鼠疫。這兩場疫症造成大量人員死亡，鄉間村民並不理解這些傳染性疾病，通稱之為瘟疫。兩場瘟疫對大坑村民的影響不得而知，因為沒有詳細的記錄。然而村民卻有祖先在 1880 年開始舞火龍驅除瘟疫的傳説。

舞火龍驅除瘟疫是一個客家人的傳統，但重要的是，為何大坑可以將這個傳統延續到今天呢？舞火龍活動之所以能夠進行，需要有紮作火龍的材料、紮作火龍的人才，也需要有舞火龍的人手。根據 1910 年的報章報道，相信在 1909 年之前，大坑已經有舞火龍活動。雖然報道沒有提及舞火龍的規模，但這證明大坑已經有材料、技藝及人手進行舞火龍活動。同樣根據報章報道，到 1936 年，大坑已經有連續三晚的舞火龍活動。

透過舞火龍，驅除造成瘟疫的孤魂野鬼，為地方塑造平安的環境，是早期民間社會對抗瘟疫的文化適應——團結凝聚地方社會成員，解決社區所共同面對的問題。然而，大坑村民還懂得利用舞火龍，去完成其他方面的社會訴求。例如在 1937 年，日本發動七七盧溝橋事變，掀起全面侵華序幕，大量內地難民來港後流離失所，大坑村民特別舞火龍為賑濟難民而籌款。另一方面，他們也利用舞火龍的觀賞性而進行表演活動，例如在 1935 年英皇登基銀禧紀念、1953 年英女皇加冕、1961 年為市政事務署的員工表演等，為舞火龍創造另一個社會意義。

1965 年，政府將浣紗街的水坑覆蓋，轉變成為暗渠，浣紗街的路面得到擴闊，成為每年中秋舞火龍的表演場地。火龍的表演元素獲得進一步鞏固。火龍在巡遊社區之後，便在浣紗街為觀眾表演，成為大坑的周年特色活動。觀眾的支持，正是對大坑居民延續傳統的肯定。

大坑舞火龍活動最初開始的時候應該是村民自發組織的，他們到山上收集珍珠草，斬伐竹竿，用來紮作火龍，再購買香枝，在舞火龍時使用。對當時從事體力勞動的村民來説，這並不是太困難的事情。早期的火龍規模如何？由於缺乏歷史材料，不得而知。但到了 1936 年，在中秋節時，已經有連續三晚的活動，相信那是得到英治時期人口增加的幫助。二次大戰後，香港一直是內地移民的目的地，大坑人口也不斷增加，以至大坑的山坡都成為寮屋區。這個時期支持參與舞火龍活動的，很多是後來在大坑定居的居民。

大坑居民熱愛體育運動的風氣，相信對延續舞火龍也產生積極作用。加上大坑得到一批知識份子的支持，其中有熱愛體育運動的，對組織大坑社區有着非常重要的作用。例如「球王」李惠堂是組成大坑坊眾福利會、重建孔聖義學的主要推手；後來的甄子傑促成了大坑坊眾福利會大樓建成。這些新的社會組織的形成，幫助大坑社區面對現代化和都市化所帶來的挑戰。福利會一直是服務大坑社區的重要街坊組織，也為大坑火龍活動的延續創造有利條件。

隨着香港的都市化發展，大坑的農田很早便消失了，山上再沒有紮作火龍的珍珠草。山坡上的寮屋居民在政府取消寮屋的政策之下，逐漸被遷徙到香港不同地方的公共房屋，舞火龍也失去了這些居民生力軍。

1990 年代開始，大坑坊眾福利會肩負起舞火龍的組織工作，聯絡組織舞火龍健兒，安排遷走了的居民參與舞火龍活動，也開放活動讓市民報名參加。福利會亦從東莞搜購珍珠草，維持以傳統方法紮作火龍。

2011 年，大坑舞火龍成為國家級非物質文化遺產項目。2012 年，陳德輝成為國家級非物質文化遺產項目傳承人。此後，活動得到更多人關注，有更多年青人參加，也開始獲得比較多的資助。

到了中秋舞火龍的時候，遷走了的居民回來觀看和參與舞火龍盛事，是現在及過去大坑居民團聚的時刻。這數十年來，大坑居民及大坑坊眾福利會攜手並肩，逐一克服人力及物力上的困難，延續着這個持續了百多年的傳統。一個本來是大坑村驅除瘟疫的活動，變成是村民與遷入居民合作的周年儀式與表演活動；到今天，活動地點雖然依然在大坑，它已經成為香港市民參與及慶祝的非物質文化遺產活動。

在百多年來，舞火龍活動經歷不同的年代、不同的社會環境、不同的組織單位和不同的活動參與者。相信火龍的紮作方式、巡遊與儀式安排，都曾經有某些程度上的改變。在舞火龍時，每一位健兒身上都穿上一件制服，不同的顏色表示他們所處的不同崗位。大家胸前都寫着「大坑夜龍」，但在平時的交談中，大家都是以「火龍」名之，因為在舞動火龍時，火龍的外形正是由香枝上的燃燒火點構成。資深的成員都會解釋，不應將「火」字寫在健兒身上，讓「火」跑到他們身上去；所以「大坑夜龍」才是活動的實際名稱！

這是《保護非物質文化遺產公約》中所提到的「再創造」的一個很實在的例子。這個名稱的「再創造」，幫助「夜龍」適應轉變，能夠繼續盤踞大坑，為大坑的村民、居民，以及香港市民帶來運氣。

附錄一：大坑口述史訪談名單，2021 – 2023 年

（按筆畫序）

編號	訪談對象
1	朱自然
2	李啟中
3	吳國峯
4	岑麗芬
5	何毓桂
6	余志強
7	余國雄
8	林山峰
9	林荃添
10	林惠連
11	周惠森
12	徐國偉
13	郭倩盈
14	陳明喜
15	陳官勝
16	陳珍娜
17	陳盈之
18	陳偉成
19	陳偉材
20	陳喜容
21	陳德仁
22	陳德輝
23	陳錦榮
24	麥志良
25	梁偉德
26	張向榮

編號	訪談對象
27	張國豪
28	彭萬根
29	黃玉芬
30	黃祖銳
31	黃浩傑
32	黃國英
33	葉旭輝
34	葉綉球
35	曾吉慶
36	曾昭宙
37	曾耀棠
38	蔡豐盈
39	廖偉強
40	鄭子健
41	鄭宇翰
42	劉榮健
43	鄺偉權
44	魏日森
45	羅宇坤
46	羅采怡
47	羅詠之
48	羅劍青
49	譚尚汝
50	鐵啟智
51	Gordon Wayne Sanders

後記

香港銅鑼灣是一個寸金尺土的商業中心地帶，旁邊的大坑，則是一個中產階級的住宅區，然而這個地方的習俗似乎沒有受到都市化的影響，每年到中秋節，前後三天，便有由數百人參與的舞火龍活動。這個節慶活動的所有工作，從籌備到進行，都是由居民義務參與而成。為何這個高度商業化與都市化的地區，可以傳承這個百多年傳統的節慶活動？這是我們從事地方社會研究者感興趣的地方。

我最初經歷的是大坑舞火龍的「起龍」儀式，儀式場地設在安庶庇街與新村街的十字路口，龍頭放在安庶庇街的北面路口，南面路口架上鐵馬，那是給傳媒記者拍攝儀式的位置。大會邀請的嘉賓為龍頭簪花掛紅，然後剪綵，接着火龍起動，巡遊大坑社區。我們看熱鬧的只可在外圍，或在傳媒工作者後面觀看，看到的是人頭湧湧，覺得這是一個很有「制度」的活動，有別於很多香港傳統民間節慶的活動安排。

我們從事地方社會研究，跑到大坑田野現場進行記錄，那很自然便會碰上舞火龍的總指揮陳德輝先生，大家都稱他「輝哥」。他平時喜歡穿着「夏威夷」袖衫，説話不會轉彎抹角，對不喜歡的事會馬上説出來。輝哥在大坑土生土長，會講客家話，而且很強調舞火龍是客家人的傳統，每年在蓮花宮為火龍主持開光儀式時，他都會以客家話稟神。他遇到外來客家人，都會嘗試講一下客家話。輝哥記憶力很好，他遇上舞火龍的參加者，都可以直呼其名。他特別留意小朋友，願意與他們攀談；他明白火龍的傳承，是需要小朋友和年青人的參與。

舞火龍活動規模大，籌備工作繁多，既要紮作火龍，也要安排一連三個晚上的人手，並要處理場地申請、場地設施與佈置。組織工作涉及多個層面，要有很仔細的安排與周全的應變方案，才能夠令這項周年活動暢順進行。箇中需要多年經驗累積，絕非一蹴而就。

自發延續大坑舞火龍的是一個義務組織，成員包括大坑居民、很多遷走了的原來居民，以及來自四面八方的舞火龍支持者；他們每年各自安排時間來參加，在彼此的配合與默契之下，形成了「大坑火龍社群」。舞火龍活動正是維繫「大坑火龍社群」的靈丹妙藥。有一年，舞火龍完畢，我在走往天后地鐵站的路上，有一位年青人跑來跟我説：「我曾是香港科技大學的學生，那時看了舞火龍，很喜歡，我於是來參加舞火龍，大坑也接受我，我便每年都來參加。」

在三年長的新冠肺炎疫情期間，政府管制公眾活動，公開的舞火龍不能進行。舞火龍的傳統目的是驅除瘟疫，但政府卻禁止火龍巡遊以防病毒擴散；那便與傳統理念背道而馳。輝哥對大坑舞火龍是全程投入的，這對他來説是很大的挑戰。因為大坑的舞火龍，就是要驅除瘟疫，但他卻不可進行。三年裏面，在中秋節之前，輝哥與一眾成員，都會準備一條小一點的火龍，以便情況許可時，便馬上巡遊，為大坑帶來平安。

大坑坊眾福利會（福利會）為舞火龍提供各方面的支持：為紮作火龍、儲存物料、討論會議等提供活動空間；為活動申請牌照、聯絡參加者提供行政支援。我們的研究工作，也因為得到福利會各方面的支持，而能夠順利開展。

我們的研究及出版計劃，得到非物質文化遺產資助計劃的「伙伴合作項目」資助，讓我們可以進一步深入研究、整理資料，撰寫文稿及編印成書，從而能夠與廣大讀者分享非遺個案及其傳承經驗。

輝哥的支持，為我們的研究和出版工作打開了方便之門；大坑街坊在口述史訪談中與我們分享他們的自身經歷（見附錄一）；福利會的成員也非常支持我們的工作，多年來何載昭、李漢文、林荃添、周惠森、徐國偉、袁效權、張國豪、梁偉德、陳偉成、陳德仁、曾吉慶、黃海安、黃祖鋭、黃旗正、黃祺國、葉華勝、蔡豐盈、鄭宇翰、魏日森、譚尚汝和鐵啟智等時常與我們分享經驗與意見，讓我常常記起的是會面時的凍奶茶與熱騰騰的蛋治。還要感謝鄒興華的鼓勵與支持，給了我研究大坑的契機。劉國偉的分享，豐富了我對大坑社區的基礎認識。特別要感謝的是大坑坊眾福利會林佩佩及香港科技大學華南研究中心羅慧琪的幫助，以及華南研究中心同事各方面的支援，令研究及出版工作可以順利完成。

本書的編輯出版，要在有限的時間中完成，中華書局編輯部仝人的努力與配合，功不可沒。然而，這個書稿還有很多可以完善與補充的地方，行文內容，若有錯漏，皆應為作者之責任，萬望各讀者賜正！

福利會的一眾成員，多年來讓我們參與觀察他們的活動，從而能夠撰寫一本有關民間節慶活動的組織形態及其歷史變化的書稿。但可惜的是，輝哥已經離我們而去，遺憾的是他未能帶領新冠肺炎疫情後的周年大坑舞火龍，但 2023 年舞火龍的成功，顯示大家都堅持維繫「大坑火龍社群」，輝哥亦成功交棒，大坑舞火龍得以傳承！

謹以此書紀念大坑舞火龍傳承人及總指揮陳德輝先生！

參考文獻

報紙資料

《工商日報》，1937 年 10 月 9 日，〈婦女兵災籌賑會〉。

——，1953 年 4 月 1 日，〈慶祝加冕巡遊，大坑舞火龍〉。

——，1962 年 6 月 10 日，〈街坊兒童運動會〉。

——，1963 年 2 月 6 日，〈大坑福利會定期演劇籌福利費〉。

《工商晚報》，1951 年 4 月 18 日，〈愛司體育會，擬辦拳擊賽〉。

——，1956 年 8 月 3 日，〈大坑街坊會搭棚收容災民〉。

——，1956 年 8 月 6 日，〈救濟大坑火災災民〉。

——，1957 年 5 月 22 日，〈浣紗街之居民被困不能出門〉。

——，1957 年 5 月 28 日，〈元朗雨災嚴重昨晚水退今晨又回漲大坑區今午再遭水淹〉。

——，1960 年 12 月 16 日，〈蓮花宮百五木屋焚燬〉。

——，1965 年 9 月 11 日，〈夜龍大坑舞一輪〉。

——，1968 年 6 月 14 日，〈雨災中大慘事，七口之家六口死於活埋〉。

——，1972 年 4 月 7 日，〈警方掃蕩馬山毒窟　甄子傑指蓮花山情況為香港羞耻！〉。

《華字日報》，1910 年 9 月 20 日，〈舞龍何益〉。

《華僑日報》，1947 年 7 月 10 日，〈大坑坊眾義賣餅乾〉。

——，1949 年 11 月 21 日，〈一切街坊福利組織，社會局幫忙〉。

——，1949 年 11 月 21 日，〈大坑福利會，選出理監事〉。

——，1951 年 11 月 28 日，〈大坑馬山火災難民〉。

——，1951 年 9 月 1 日，〈愛司會西拳賽〉。

——，1953 年 3 月 22 日，〈大坑街坊會，今日出發徵求〉。

——，1955 年 12 月 6 日，〈馬山火災難民四百餘眾〉。

——，1955 年 12 月 12 日，〈大坑街坊福利會急賑馬山災民〉。

——，1956 年 8 月 3 日，〈燬屋八十災民七百〉。

——，1957 年 9 月 17 日，〈通告〉。

——，1959 年 3 月 27 日，〈李陞大坑學校開幕禮教育司高詩雅夫人啟鑰〉。

——，1959 年 10 月 25 日，〈李陞大坑學校週年校務報告〉。

——，1960 年 1 月 16 日，〈港九兩木屋區昨晨大火〉。

——，1961 年 12 月 11 日，〈大坑火龍表演〉。

——，1962 年 9 月 14 日，〈帶來安寧幸運的大坑草龍的來歷〉。

——，1963 年 7 月 21 日，〈香港競步會主辦全港公開環島步行比賽〉。

——，1964 年 8 月 14 日，〈大坑浣紗街明渠改暗渠完成〉。

——，1971 年 4 月 12 日，〈淺水碼頭村福利會會慶紀念新員就職〉。

Hong Kong Daily Press, October 1, 1936. "Fire-Dragon Procession."

檔案資料

大坑坊眾福利會，1978，《大坑坊眾福利會興建會所記畧》（碑記）。

大坑蓮花宮，1869 年照片，香港歷史博物館藏品。

大坑蓮花宮，1986 年《蓮花宮重修落成碑記》。

大坑蓮花宮，1999 年《蓮花宮重修落成碑記》。

孔聖義學，1949，《大坑坊眾福利會重建孔聖義學碑記》。

Government Record Service, "Insanitary Matsheds - Reporting a Number of - On the Hill-Side of Tai Hang Village." Record ID: HKRS58-1-13-85, Date: 10.11.1898 - 28.11.1898.

Hongkong Blue Book for the Year 1900, "Civil Establishments of Hongkong, for the Year 1900," p. 198.

Lands Department. Aerial Photo Nos.: H19-0011 (1924), 681_6-4033 (1945), 1967-5612 (1967).

Land Office. 1909. "Report on Squatters' Holdings in the Village of - Pak Shui Wan, City of Victoria, Peak Road, Wongneichong, and Washing Tanks at - Tai Hang Stream, Pokfulam Road and Kennedy Town" (Government Records Service, Record ID.: HKRS58-1-48-48).

Sessional Papers 1896. "No. 16: Report of the Director of Public Works for 1895," p. 207.

Sessional Papers 1901. "No. 16: Report of the Director of Public Works for 1900," p. 338.

Sessional Papers 1901. "Table XII. Chinese Population of the Villages of Hongkong," p.18.

The Hong Kong Gazette, no. 2 (May 15, 1841), census figures reprinted in *Chinese Repository*, Canton [Guangzhou], 10, no. 5 (May 1841), pp. 288- 289.

The Hong Kong Government Gazette (2nd April, 1871). "No. 5. Return of the Population of Hongkong, exclusive of the Military and Naval Departments," p. 197.

The Hong Kong Government Gazette (2nd April, 1871). "No. 6. Abstract of Returns furnished from each House occupied by Chinese in the Colony of Hongkong, stating Number of Persons resident therein, Mortality & c.," p. 198.

The Hongkong Government Gazette (23rd December, 1882). "Government Notification — No. 500," p. 1006.

The Hongkong Government Gazette (11th April, 1891). "Government Notification — No. 166," p. 277.

The Hongkong Government Gazette (30th January, 1892). "Government Notification — No. 48," p. 96.

The Hongkong Government Gazette (1st February, 1902). "Government Notification — No.60," p. 110.

口述史資料

由大坑坊眾福利會策劃、廖迪生主持的「大坑舞火龍的歷史與社會脈絡：口述歷史資料記錄與出版計劃」，於 2020 年 5 月至 2023 年 2 月進行，邀請坊眾接受訪問，講述各人自身之經歷、大坑的社會歷史變化，以及對舞火龍的認識（參看〈附錄一：大坑口述史訪談名單，2021-2023 年〉）。口述史內容經編輯後，刊於廖迪生編著；大坑坊眾福利會策劃：《大坑坊眾口述史》。香港：香港科技大學華南研究中心，2023。

著作

大坑坊眾福利會：《大坑坊眾福利會四十週年紀念特刊，1947－1986》。香港：大坑坊眾福利會，1986。

大坑坊眾福利會《大坑坊眾福利會五十週年紀念特刊，1947－1996》。香港：大坑坊眾福利會，1996。

大坑坊眾福利會：《大坑坊眾福利會六十週年紀念特刊，1947-2006》。香港：大坑坊眾福利會，2006。

古物諮詢委員會，《香港大坑蓮花宮西街蓮花宮文物價值評估報告》（二〇一四年六月四日第一六七次會議，委員會文件 AAB/35/2013-14 附件 A），網頁：https://www.aab.gov.hk/filemanager/aab/common/167meeting/AAB_33_2013-14-Annex-A-Chinese.pdf，擷取日期：2023 年 6 月 18 日。

朱晉德、陳式立：《礦世鉅著：香港礦業史》。香港：ProjecTerrae，2015。

佘震宇：《港島海岸線》。香港：中華書局，2014。

李惠堂：《足球》。上海：樂華體育書報社，1928。

夏歷：《香港東區街道故事》（香港第 1 版）。香港：三聯書店，1995。

張五常：〈憶容國團雄軍盡墨話當年〉，《書城》，2000 年第 7 期，頁 4。

陳天權：《香港節慶風俗》。香港：明報出版社，2012。

黃永豪：《土地開發與地方社會：晚清珠江三角洲沙田研究》。香港：文化創造出版社，2005。

廖迪生：〈「傳統」與「遺產」：香港「非物質文化遺產」意義的創造〉，載廖迪生編：《非物質文化遺產與東亞地方社會》。香港：香港科技大學華南研究中心、香港文化博物館，2011，頁 257－282。
——：〈香港「非物質文化遺產」：新的概念、新的期望〉，載廖迪生編：《非物質文化遺產與東亞地方社會》。香港：香港科技大學華南研究中心、香港文化博物館，2011，頁 5－29。
——：〈傳統、認同與資源：香港非物質文化遺產的創造〉，載文潔華編：《香港嘅廣東文化》。香港：商務印書館，2014，頁 200－225。
——：《香港廟宇》（上、下卷）。香港：萬里機構，2022。
——：《大坑坊眾口述史》。香港：香港科技大學華南研究中心，2023。
鍾寶賢：《商城故事：銅鑼灣百年變遷》。香港：中華書局，2009。
Cowell, Christopher. "The Hong Kong Fever of 1843: Collective Trauma and the Reconfiguring of Colonial Space," *Modern Asian Studies*, Vol. 47, No. 2 (March 2013), pp. 329-364.
Freeman, Fox, Wilbur Smith & Associates. *Hong Kong Mass Transport Study: Report Prepared for the Hong Kong Government*. Hong Kong: Government Printer, 1967.
Hambro, Edvard Isak. *The Problem of Chinese Refugees in Hong Kong: Report Submitted to the United Nations High Commission for Refugees*. Leyden: Sijthoff, 1955.
Hayes, J. W. "Secular Non-Gentry Leadership of Temple and Shrine Organisations in Urban British Hong Kong," *Journal of the Hong Kong Branch of the Royal Asiatic Society*, Vol. 23 (1983), pp. 113-136.
Hong Kong Government. *Hong Kong Annual Report*. Hong Kong: Government Printer, 1957.
Hong Kong Housing Authority and Housing Department. "Land Surveying: Witnessing Changes over Time." (2012) https://www.housingauthority.gov.hk/en/about-us/publications-and-statistics/housing-dimensions/article/20121012/index.html#3. Accessed on 26th April 2023.
Keesing, Roger M. *Cultural Anthropology: A Contemporary Perspective*. New York: Holt, Rinehart and Winston, 1981.
Lam, C. W. Tony（林中偉）, "From British Colonization to Japanese Invasion: The 100 Years Architects in Hong Kong 1841-1941." *HKIA Journal*（香港建築師學報）, Issue 45, 1st Quarter 2006, pp. 44-55.
P. H. Sin & Co. Solicitors. *Memorandum and Articles of Association of Tai Hang Residents' Welfare Association*（大坑坊眾福利會）, *Incorporated the 6th day of November, 1957*. Hong Kong: Gibson Printing Press, 1957.

Tai Hang Fire Dragon Heritage Centre Limited, P.K. Ng & Associates (H.K.) Limited and the Team Consultant. "Revitalization of No. 12 School Street as Tai Hang Fire Dragon Heritage Centre Heritage Impact Assessment Report," 2017.

Temples Unit, Trust Funds Section, Home Affairs Department. *Temple Directory*. Hong Kong: Temples Unit, Trust Funds Section, Home Affairs Department, 1980.

Tregear, T. R. (Thomas R.) and L. Berry. *The Development of Hong Kong and Kowloon as Told in Maps* (1st ed.). Hong Kong University Press, 1959.

Yang, T. L., S. Mackey and E. Cumine. *Final Report of the Commission of Inquiry into the Rainstorm Disasters 1972: GEO Report No. 229*. Hong Kong: Geotechnical Engineering Office, Civil Engineering and Development Department, the Government of the Hong Kong Special Administrative Region, 2008.

香港非物質文化遺產系列

中秋節——大坑舞火龍

廖迪生　著
香港科技大學　支持

除特別說明外，本書所有照片均由廖迪生拍攝

責任編輯　黎耀強
版式設計　簡雋盈　陳佩珍
排　　版　陳美連
印　　務　劉漢舉

出　　版
中華書局（香港）有限公司
香港北角英皇道 499 號北角工業大廈一樓 B
電話：（852）2137 2338
傳真：（852）2713 8202
電子郵件：info@chunghwabook.com.hk
網址：http://www.chunghwabook.com.hk

發　　行
香港聯合書刊物流有限公司
香港新界荃灣德士古道 220 － 248 號荃灣工業中心 16 樓
電話：（852）2150 2100
傳真：（852）2407 3062
電子郵件：info@suplogistics.com.hk

印　　刷
新精明印刷有限公司
香港仔大道 232 號城都工業大廈 10 樓

版　　次
2025 年 1 月初版

規　　格
大 16 開（287mm x 178mm）

ISBN
978-988-8912-31-5